青海省科学技术学术著作出版基金资助出版

U0518953

中国盐湖锂产业专利导航

葛 飞◎主编

知识产权出版社

全国百佳图书出版单位

图书在版编目（CIP）数据

中国盐湖锂产业专利导航/葛飞主编. —北京：
知识产权出版社，2018.12
ISBN 978-7-5130-5857-5

Ⅰ.①中… Ⅱ.①葛… Ⅲ.①盐湖—锂—冶金工业—
工业产业—专利—研究—中国 Ⅳ.①G306.72②F426.32

中国版本图书馆 CIP 数据核字（2018）第 217341 号

内容提要

本书主要介绍了全球盐湖锂资源概况、锂资源开发产业现状、全球及中国锂资源产业专利导航及重点应用领域专利分析。对于全球盐湖提锂方法专利进行详细标引及具体分析，对国内重点专利权人，如青海盐湖所、西藏国能矿业、青海锂业公司等 9 家机构盐湖提锂专利进行交叉对比分析，深度解析中国盐湖提锂技术发展脉络及未来发展趋势。通过对专利信息的利用，紧扣产业分析和专利分析两条主线，将专利信息与产业现状、发展趋势、政策环境、市场竞争等信息深度融合，达到明晰产业发展方向、找准区域产业定位、指出优化产业创新资源配置的具体路径等系列目标。

责任编辑：黄清明　李　瑾　　　　　**责任印制：**孙婷婷
责任校对：潘凤越

中国盐湖锂产业专利导航

葛　飞　主编

出版发行：知识产权出版社有限责任公司　　　**网　　址：**http://www.ipph.cn
社　　址：北京市海淀区气象路 50 号院　　　　**邮　　编：**100081
责编电话：010-82000860 转 8392　　　　　　　**责编邮箱：**lijin.cn@163.com
发行电话：010-82000860 转 8101/8102　　　　 **发行传真：**010-82000893/82005070/82000270
印　　刷：北京虎彩文化传播有限公司　　　　　**经　　销：**各大网上书店、新华书店及相关专业书店
开　　本：787mm×1092mm　1/16　　　　　　 **印　　张：**12
版　　次：2018 年 12 月第 1 版　　　　　　　　**印　　次：**2018 年 12 月第 1 次印刷
字　　数：240 千字　　　　　　　　　　　　　**定　　价：**68.00 元
ISBN 978-7-5130-5857-5

编 委 会

主　　编：葛　飞

副主编：王　瑜　　王亚利　　孙雪婷　　邹志德

　　　　李玉婷　　李艳芳

编　　委：胡铁成　　朱　萍　　王玉霞　　张正阳

　　　　左勇刚　　杨玉明　　倪　颖　　赵雅娜

　　　　曹萌萌　　赵得萍　　陈松丛　　盖敏强

　　　　吴　浩　　李廷鹃　　惠庆华

序　一

在日常出行中，我们需要绕开障碍物，确定目的地并找到最快捷的道路。当建筑物越来越多、路况越来越复杂时，导航就成为出行的必备助手。

在专利领域，每个专利为专利权人划定了一定的独占范围，就像为专利权人在地图上划出了一片私有领地。在这种情况下，如果后来人也想占一块地，首先需要找出别人尚未占有的或可二次占有的空地，分析这块地的贫沃，测定这块地的边界；然后需要知道到达这块地有哪些障碍物，探寻到达的捷径。另外，如果想利用这些地块，还需要知道到达我们的地，要经过哪些被人占领地盘，也许有些已经公有，但有些仍危险重重，当然，如果顺便发现别人地中藏的宝贝，谈谈价格为我所用绝对是再好不过，还需要知道别人在领地中都藏了哪些宝贝，需要用这些宝贝时找谁去商谈。随着知识经济的发展和专利意识的提高，专利申请呈快速增长的趋势，恰似各路人马正在跑马圈地，而已经被圈的地也层罗密布，越来越复杂。我们需要借助地图了解全貌，借助导航找到路径。专利导航是专利分析和利用中的一个形象的说法。技术研发和技术利用就像前面所说的占地和用地，需要借助专业的路径工具，这一工具就是专利导航。其实专利导航不仅仅是导航，导航只提供路径和路况，而专利导航还提供宏观的地图和目的地的详细信息。

随着知识经济、经济全球化和世界专利制度的深入发展，专利资源已经成为国家产业发展的战略性资源，以专利权为主的无形资产已经成为世界主要跨国公司的核心资产和市场竞争力的关键。我国已成为专利申请大国，但从专利运用的角度看，我国与国际先进水平还有很大差距。2013年4月，国家知识产权局发布了《关于实施专利导航试点工程的通知》（以下简称《通知》），该《通知》对专利导航的含义进行了界定："以专利信息资源利用和专利分析为基础，把专利运用嵌入产业技术创新、产品创新、组织创新和商业模式创新，引导和支撑产业科学发展的探索性工作。"《通知》还对专利导航的意义进行了说明："可以发挥专利信息资源对产业运行决策的引导力，突出产业发展科学规划新优势；可以发挥专利制度对产业创新资源的配置力，形成产业创新体系新优势；可以发挥专利保护对产业竞争市场的控制力，培育产业竞争力发展新优势；可以发挥专利集成运用对产业运行效益的支撑力，实现产业价值增长新优势；可以发挥专利资源在产业发展格局中的影响力，打造产业地位新优势。"可见，专利导航以专利为纽带，以创新为核心，以市场为导向，引导科技创新，促进管理创新，增强我国创新主体运用专利提升核心竞争力的能力，最终提高国家整体科技竞争实力。

专利导航是产业决策的新方法，是运用专利制度的信息功能和专利分析技术系统导引产业发展的有效工具。专利导航工作需要技术、管理和知识产权等方面的专业知识和技能。中国科学院青海盐湖研究所葛飞长期从事盐湖研究，在该所从事科技管理和知识产权转移转化工作多年，并获得中国科学院知识产权专员资格，是我国盐湖锂产业领域集技术、管理和知识产权知识与技能于一身的专家。经过多年的资料收集、分析和整理，葛飞完成了《中国盐湖锂产业专利导航》一书的编写，该书首先对全球锂资源的存在形式、资源分布和消费领域进行了简介，在介绍全球盐湖锂资源产业开发现状的基础上，对全球盐湖锂资源产业专利态势进行了分析；在介绍我国盐湖锂资源产业开发现状的基础上，对我国锂资源开发技术专利、盐湖提锂技术专利、锂资源回收专利以及锂资源产业下游产品进行了分析。然后对中国锂电行业电池正极材料专利进行了检索和分析，并提出了锂离子电池正极材料发展的建议。最后在分析锂资源产业链条的基础上，结合资源产业专利战略布局的必要性，提出了我国锂资源产业专利发展战略模式的建议以及锂资源产业专利发展战略的实施措施。该书还以列表的形式整理了锂提取相关专利、中国科学院青海盐湖研究所提锂专利、青海盐湖工业股份有限公司专利、青海中信国安科技发展有限公司专利，作为附录。

翔实的资料、清晰的图表和细致的分析，反映了作者在写作本书过程中的智慧和努力，也使得本书成为锂产业特别是盐湖锂产业中的专利基础资料，成为探索和利用盐湖锂领域专利的导航。希望它可以为盐湖锂研究人员提供方向指引，为盐湖锂产业提供决策支撑，也祝愿葛飞在专利信息分析和利用方面做出更多的成果。

中国科学院大学知识产权学院副院长、教授

2018 年 5 月 27 日

序　二

锂作为最轻的稀有金属元素，在高新技术领域的应用极为广泛，新能源、新材料产业更是极大地促进了锂的应用和产业发展。1958 年我国第一座锂盐厂——新疆锂盐厂建成投产后，多少年来，锂行业的科技工作者不断进行科技攻关，完善生产工艺，降低生产能耗，提高并稳定产品质量，取得了一项又一项的新成果。

获益于新能源汽车、储能需求的迅速放量，加上 3C 的持续增长，全球对锂的需求正处于上行周期。2017 年，全球锂及其衍生物产量折合碳酸锂当量约 23.54 万吨，中国锂产量折合碳酸锂当量约 12.34 万吨，中国消费锂盐量折合碳酸锂约 14 万吨，是全球最主要的锂生产国和消费国。

近年来，中国在盐湖卤水提锂投入不断加大，在蒸发结晶法、吸附法生产锂盐方面取得了多项专利，尤其是结合国内资源现状，发明了蒸发结晶法、吸附法与其他提纯方法相结合等技术，使国内盐湖提锂产业取得重大突破。随着新能源汽车产业的发展，锂离子电池正极材料的研究技术日趋受到重视，相关技术的专利申请量增长迅速，专利的覆盖范围也越来越宽。葛飞主编的《中国盐湖锂产业专利导航》包括了全球锂资源概况、国内外盐湖锂资源产业开发现状、国内外盐湖锂资源产业专利态势分析和中国锂电池正极材料专利分析等。

通过对国内外大量专利的整理分析，葛飞建议我国应推动资源优势地区（青海、西藏）与产业优势地区（广东、江苏）的强强联合，以先进专利技术为锂电池产业的发展提供前期技术支持。建议在锂电行业实施专利战略，加强企业与高校、科研院所的合作，开展"核心价值专利培育"，充分利用现有技术优势，构建锂产业专利池，开展技术许可或技术转让，占领锂产业高地。《中国盐湖锂产业专利导航》对如何从"锂资源大国"向"锂产业发展强国"转变具有一定的指导意义，对于锂盐、锂电正极材料生产企业和相关研究人员具有重要的参考作用。

只有充分利用现有的技术人才，并不断引进更多的专业人才，才是促进技术创新的恒久动力。只有采取积极有效的专利战略，完成保护性、进攻性、储备性相平衡的专利布局，走"自主开发和引进、吸收相结合"的道路，从提高专利工作水平着手，提高科技和专利对经济发展的贡献，才有可能促进经济的跨越式发展。

在中国宏观经济进入新常态的大趋势下，锂电行业整合并购在持续进行中，只有那些拥有雄厚技术积累、足够资金支撑、理性市场定位和对市场快速做出反应的企业才能在未来激烈的市场竞争中占得先机，赢得市场。

中国有色金属工业协会锂业分会秘书长

2018 年 6 月 6 日

目　录

第一章
全球锂资源概述

根据美国地质调查局 2015 年发布的数据，全球已探明的锂资源储量约为 3 978 万吨，主要分布在南美洲、北美洲、亚洲、大洋洲以及非洲。全球锂矿资源中，盐湖卤水锂资源约占全球已探明总储量的 90%，在五种矿床中排名第一。另外资源量较多的为伟晶岩矿床。

1.1 自然界锂资源存在形式：五种天然锂矿床

全球锂矿床主要有五种类型，即伟晶岩矿床、卤水矿床、海水矿床、热液矿床和堆积矿床。伟晶岩矿和热液矿均是岩浆直接形成的原生矿，其余几种都属于次生矿，是自然或先人对原生矿床加工的结果。由于储量、环境、成本的原因，目前开采的主要是伟晶岩矿和卤水矿两类。

1.1.1 伟晶岩矿床[1]

伟晶岩是一种晶粒粗大的火成岩，由岩浆冷却及后期重构形成。最常见的花岗伟晶岩，其组成的 90% 与普通花岗岩相同，但易富集稀有金属，其锂、铷、铯、铍、铌、钽、锆、Ⅲ族元素和稀土元素、放射性元素的含量可比周边地层高几千倍，形成具有开发价值的矿床。锂辉石、锂云母等都属于伟晶岩矿物。

地壳中含锂矿石超过 150 种，以锂为主的有 30 多种，表 1－1 列举了具有开采价值的锂辉石、透锂长石、锂云母和磷锂铝石（如图1—1）及其主要性质和典型矿山分布。自然界中除上述四种矿石，还有锂霞石、铁锂云母、锂冰晶石、锂蒙脱石等。

表1—1　主要含锂矿石性质

名称	锂辉石	透锂长石	锂云母	磷锂铝石
化学式	$LiAl[Si_2O_6]$	$LiAl[Si_4O_{10}]$	$K(Li,A)_3$ $[SiAlO_{10}](OH,F)_2$	$LiAl[PO_4]$ $[F,OH],Li_2O$
理论品位	8.0%	4.9%	7.8%	10.1%
实际品位	1.5%～7.0%	3.0%～4.5%	3.0%～4.0%	8.0%～9.0%
晶型	单斜晶系	单斜晶系	单斜晶系	三斜晶系
外观	柱状，粒状，板状	架状	层状	架状
颜色	灰白，灰绿，黄	白，黄	紫，粉	微黄，灰白
密度/（g/cm³）	3.0～3.2	2.3～2.5	2.8～2.9	2.9～3.2
莫氏硬度	6.5～7.0	6.0～6.5	2.0～3.0	5.5～6.0
典型矿山	澳大利亚塔利森	津巴布韦比基塔	江西宜春	新疆阿尔泰

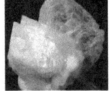

锂辉石　　　　　　　透锂长石

锂云母　　　　　　　磷锂铝石

图1—1　主要含锂矿石晶簇

1.1.1.1　锂辉石

锂辉石化学式为 $LiAl[Si_2O_6]$，常有微量的钠、钙、镁，偶尔还有铬、稀土、氦和铯等混入。晶体呈短柱状或板状，直立晶面有晶面条纹。时而可见有巨大晶体，已见报道的有16米长。集合体呈板棒状，也有致密的隐晶块体。著名产地有美国加州、巴西米纳斯吉拉斯、马达加斯加、巴基斯坦、缅甸、我国新疆等地。系辉石族矿物中最重要的宝石矿物。锂辉石是目前最主要的提锂用矿石，具有品位高、不含氟、渣量少等优点。每年生产的锂产品中，约有30%来自锂辉石。澳大利亚的

Greenbushes、Mt. Catllin 以及四川甲基卡等地储量巨大，是主要的锂辉石矿山。

1.1.1.2 锂云母

锂云母又称"鳞云母"，含 Li_2O 为 $1.23\%\sim5.90\%$，是另一种储量巨大的锂矿石，且铷、铯等稀有金属含量很高。锂云母也是最常见的锂矿物，是提炼锂的重要矿物。单斜晶系。常呈细鳞片状集合体。淡紫色，有时黄绿色。玻璃光泽。锂云母是钾和锂的基性铝硅酸盐，属云母类矿物中的一种。宜春市储藏着世界最大的锂云母矿，氧化锂的可开采量占全国的 31%、世界的 8.2%。河南卢氏县官坡镇等地有大型锂云母矿山，但由于其冶炼收率较低，且存在含氟尾气治理等困难，生产成本比锂辉石提锂要高，原有生产项目已停产。

1.1.1.3 磷锂铝石

磷锂铝石主要产于花岗伟晶岩中，与锂辉石、微斜长石或条纹长石、石英、白云母、绿柱石、电气石等共生。磷锂铝石也产于云英岩及石英脉中，与石英、黄玉、云母、锡石等共生。磷锂铝石常被晚期矿物交代，生成许多次生磷酸盐矿物。矿物产地有新疆阿尔泰，福建南平等地。磷锂铝石是唯一一种品位可超过 10% 的锂矿石，国内在新疆可可托海、福建南平、江西宜春都有发现，但储量太少，没有规模化生产。

1.1.1.4 透锂长石

透锂长石是架状硅酸盐矿物。主组分呈白色或黄色，偶见粉红色。单斜晶系，通常呈块状，玻璃光泽，解理面上呈珍珠光泽。莫氏硬度 $6\sim6.5$。密度 $2.3\sim2.5~g/cm^3$，性脆。主要产于花岗伟晶岩中，与锂辉石、铯榴石、彩色电气石等共生。可作陶瓷和特种玻璃原料。透锂长石是四种主要锂矿中品位最低的，主要用于陶瓷、玻璃行业，实际并未用于提锂。

1.1.2 海水矿床

海水矿床是陆地河流带来的矿物质积累而成的。因为海水总量巨大，锂储量十分丰富。但因为海水锂浓度不到 $0.2~ppm$，在目前的技术条件下没有开采优势。目前许多国家已在研究吸附法等海水提锂技术，但是由于成本原因产业化困难较大，距离大规模生产应用还有较大距离。

1.1.3 热液矿床

热液矿床是岩浆在海底或地底裂隙加热水产生热液时，大量的矿物质趁机溶进水中富集形成的。热液中部分物质，在附近海床上或地层中沉淀，形成一种富含金属的泥状沉积物。经过几百万年的地质运动，这些沉积物变成沉积岩，成为陆上重要的金属矿藏。

1.1.4 堆积矿床

堆积矿床是从古至今漫长的采矿活动后，留下的废矿堆和尾砂堆。古代技术水平较低时，只能冶炼部分富矿，品位稍差的都被废弃了。随着技术的进步，废矿中的许多已能达到冶炼条件。堆积矿主要是铁、铜、锡、铝的贫矿和伴生矿，锂矿资源很少。

1.1.5 卤水矿床

卤水矿床是内陆湖泊蒸发量大于补给量形成的，主要分布在南北美西部及中国西部内陆，这些地区降雨量少、日照及风力强度大、蒸发量大。流经附近地层的地表或地下径流，携带锂、钠、钾、铷、铯、铍、镁、硼等元素，在这一封闭系统中自然富集浓缩。根据主要的阴离子，卤水可分为氯盐型、硫酸盐型（包括硫酸钠亚型和硫酸镁亚型）和碳酸盐型。西藏扎布耶茶卡（也叫扎布耶错、查木错、扎不错等）是世界上唯一的碳酸锂型盐湖，锂浓度达 1 g/L 以上。

含锂卤水常按成本特点分为低镁锂比、高镁锂比、碳酸盐三种类型。三类卤水的代表矿床，主要成分如表1-2。

表1-2 主要含锂卤水性质

盐湖	所在地	开发公司	Li%	Mg%	Mg/Li	SO₄%	B%	K%
阿塔卡玛	智利	SQM	0.15	1.0	6.4	1.7	0.1	2.4
阿塔卡玛	智利	Chemetall	0.16	1.0	6.4	1.8	0.1	2.0
霍姆布勒穆尔托	阿根廷	FMC	0.07	0.1	1.4	1.0	0.0	0.6
银峰	美国	Chemetall	0.02	0.0	1.4	0.5	0.0	0.5
林肯	阿根廷		0.04	0.3	8.6	1.2	0.0	0.8
乌尤尼	玻利维亚		0.04	0.7	18.6	0.9	0.0	1.6
西台吉乃尔	中国青海	中信国安	0.03	1.5	61.5	3.5	0.0	0.8
东台吉乃尔	中国青海	青海锂业	0.05	1.9	37.4	2.2	0.0	0.4
扎布耶茶卡	中国西藏	西藏矿业	0.13	0.0	0.2	2.2		

低镁锂比卤水中镁锂比在10以下，锂含量较高，日晒就可以进行浓缩，工艺简单，已大规模产业化。该类盐湖主要分布于南、北美洲，如智利的阿塔卡玛盐湖，锂含量达0.15%，同时还含有丰富的硼和钾，是世界上最优质的卤水资源，也是开发力度最大的盐湖。

高镁锂比卤水技术难度大、工艺复杂、成本高。我国的西、东台吉乃尔、一里坪盐湖群，镁锂比分别高达40、65、90，需要消耗大量钾形成光卤石以除去镁，综合效益较低。而玻利维亚的乌尤尼盐湖，虽然是世界上面积和储量第一的盐湖，但每年都会发生洪水，同时湖水锂低镁高，提锂成本很高，还有待开发。

碳酸盐卤水仅有西藏扎布耶茶卡一处，锂含量高达 0.13%，仅次于阿塔卡玛。但扎布耶茶卡海拔 4 400 米，气候寒冷、冬季漫长，又地处偏远，到拉萨公路里程达 1 500 公里，运输相当不便。这些自然条件制约了扎布耶茶卡锂资源的开发。

1.2 全球盐湖锂资源分布及储量[2-29]

根据美国地质调查局 2015 年发布的数据，全球已探明的锂资源储量约为 3 978 万吨，主要分布在南美洲、北美洲、亚洲、大洋洲以及非洲。玻利维亚的锂资源最多，其次为智利、阿根廷、美国和中国。其他锂资源较丰富的国家包括澳大利亚、加拿大、刚果（金）、俄罗斯、塞尔维亚以及巴西。具体资源分布如表 1-3 所示。

表 1-3 世界锂资源分布排行榜

锂资源排行	国　家	锂资源储量
1	玻利维亚	900 万吨
2	智　利	>750 万吨
3	阿根廷	650 万吨
4	美　国	550 万吨
5	中　国	540 万吨

全球锂矿资源中，盐湖卤水锂资源约占全球已探明总储量的 90%，在五种矿床中排名第一。另外资源量较多的为伟晶岩矿床。

盐湖是一种咸化水体，通常是指湖水含盐度 $W_{(NaCl)eq} > 3.5\%$（大于海水平均盐度）的湖泊，也包括表面卤水干涸、由含盐沉积与晶间卤水组成的干盐湖（地下卤水湖）。盐湖中沉积的盐类矿物约达 200 种。目前，人类已经从盐湖中大量开采石盐、碱、芒硝和钾、锂、镁、硼、溴、硝石、石膏和医用淤泥等基本化工、农业、轻工、冶金、建筑和医疗等重要原料。

盐湖中还赋存着具有工业意义的铷、铯、钨、锶、铀以及氯化钙、菱镁矿、沸石、锂蒙脱石等资源。

盐湖中还蕴藏大量的嗜盐藻、盐卤虫、螺旋藻、轮虫等特异性生物资源，是重要的耐旱、耐盐碱基因资源库、具有重要经济价值与科学价值，它们为人类获取蛋白质、天然食物色素、能源、多种工业科学材料和净化环境，为变盐湖为"良田"开拓了良好的前景。

同时盐湖又是重要的旅游资源和医疗资源。盐湖卤水的储热特点，已开始用于

"太阳能盐水池"发电。盐湖也是自然环境信息和天然实验室；盐湖还是"碳沉积池"（Carbon sinks）、"自然生物反应器"（Nature bioreactors）。盐湖沉积占世界陆表面积相当大，有大量碳酸盐沉积，能在一定程度上延迟与人类有关的温室效应。

按照盐湖卤水的赋存状况将盐湖分为三种类型：卤水湖（常年只存在湖表卤水的盐湖）、干盐湖（常年无湖表卤水，而仅存在盐湖地下卤水的干盐滩）和共存盐湖（既存在湖表卤水，又存在盐滩的盐湖）。

全球现代盐湖分布在两个带两个区中，即北半球盐湖带和南半球盐湖带及两个独立盐湖区。北半球盐湖带包括欧亚、北非盐湖区，北美洲西部落基山高原盐湖区、墨西哥盐湖区；南半球盐湖带包括南美洲西部安第斯山高原盐湖区、澳大利亚盐湖区；两个独立盐湖区，即非洲赤道盐湖区和南极洲盐湖区。其中北半球盐湖带是地球上盐湖数量最多、盐湖化学类型最全、盐类储量巨大、盐湖分布最集中的一个盐湖带。

全球盐湖卤水锂矿主要分布于北纬 30°~40°温带干旱气候区及南纬 20°~30°热带干旱气候区，多位于大陆西岸或内陆西侧雨影区内降雨量少、日照及风力强度大、蒸发量大、干旱，不利于人类生存的荒漠气候带内的封闭汇水盆地。这样的地理环境使得卤水中的溶质锂能够在这一封闭系统中进行自然富集浓缩。盐湖卤水锂矿中的锂物质主要源于岩石圈和洋壳的火山喷出物和热水，所以盐湖卤水锂矿常位于新生代地质活动较为活跃的构造区域。例如，碰撞带微裂谷和山间盆地、板块大陆边缘火山弧后盆地、板块转换断裂带后盆地等区域。

全球卤水锂资源分布极不均衡，卤水锂矿主要分布于中国的青藏高原和南美洲的安第斯高原，其资源量分布参见图 1-2。

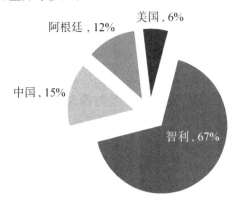

图1-2 卤水锂矿资源分布

中国的青藏高原和南美洲安第斯高原是全球富锂盐湖分布最密集、锂储量最大的两个区域。青藏高原分布有富锂盐湖 80 多个（LiCl>300 mg/L），卤水中含有丰富的锂、硼、钾、钠、镁、铷及铯的氯化物、硫酸盐、碳酸盐。青藏高原盐湖卤水中的锂含量从北（柴达木盆地）向南（西藏）逐渐增大，其中柴达木盆地盐湖锂平均含量约为 68 mg/L，可可西里盐湖约为 74 mg/L，西藏盐湖约为 264 mg/L。最具代表性的富锂盐湖为西藏扎布耶盐湖、当雄错盐湖、麻米错盐湖以及青海柴达木盆地的东台吉乃尔盐湖和西台吉乃尔盐湖、一里坪盐湖、大柴旦盐湖等，这些盐湖中的锂含量均达到或超过边界品位（LiCl≥150 mg/L）。青藏高原盐湖卤水中锂资源储量查明可达 550 万吨，其锂资源的提取利用，是中国锂盐产业开发的重要方向之一。

南美洲安底斯中部高原地区 100 多万平方千米范围内，发育有 100 多个盐湖，其中著名的富锂盐湖有：智利的阿塔卡玛盐湖（Salar de Atacama）；阿根廷霍姆布勒穆尔托盐湖（Salar del Hombre Muerto）和里肯盐湖（Salar de Rincon）；玻利维亚的乌尤尼盐湖（Salar de Uyuni）等。该地区盐湖卤水锂含量很高，同时也富含钾、硼、镁、铷和铯等元素。安底斯高原地区气候干燥、日照充足、蒸发量大等得天独厚的自然条件，使得该地区盐湖锂资源的开发成为全球锂资源开发的一大热点。

富锂盐湖卤水中的锂常以微量形式与大量的钾、钙、钠、镁等碱金属、碱土金属阳离子及氯根、硫酸根和硼酸根的阴离子共存。盐湖卤水通常分为碳酸盐型、硫酸盐型（硫酸钠亚型、硫酸镁亚型）及氯化物型三种类型。

中国青藏高原地区富锂盐湖有硫酸镁亚型、硫酸钠亚型和碳酸盐型。其中西藏扎布耶为碳酸盐型盐湖，青海东台吉乃尔盐湖、西台吉乃尔盐湖皆为硫酸镁亚型。南美中安第斯山地区的富锂盐湖多为硫酸镁亚型和硫酸钠亚型，尚未见氯化物型富锂盐湖的报道。青藏高原和安第斯高原的这些富锂盐湖具有锂浓度高、共生元素多、具有较高综合利用价值等特点。表 1－4 列出了全球主要富锂盐湖的化学组分（wt%）及其化学类型。

表 1－4　全球主要富锂盐湖资源主要化学组成分　　　　　　单位（wt%）

国家	盐湖名称	Li^+	B	Na^+	K^+	Mg^{2+}	Ca^{2+}	Cl^-	SO_4^{2-}	Mg/Li	卤水化学类型
玻利维亚	乌尤尼	0.05	0.02	10.8	0.7	0.4	0.12	16.7	0.7	8.4	MS
智利	阿塔卡玛	0.15	0.064	7.6	1.8	0.96	0.03	16.0	1.78	6.4	MS
阿根廷	霍姆布勒穆尔托	0.062	0.035	9.789	0.617	0.085	0.053	15.80	0.853	1.37	NS
	里肯	0.033	0.027	9.63	0.624	0.284	0.041	15.25	1.014	8.61	MS
美国	银峰	0.023	0.008	6.20	0.53	0.033	0.02	10.61	0.71	1.43	NS
	大盐湖	0.004	0.006	8.00	0.65	1.00	0.016	14.00	2.00	2.50	MS
以色列	死海	0.001	N	3.0	0.6	3.33	0.3	16.0	0.05	2 000	Ch
中国	扎布耶	0.12	0.20	14.17	3.96	0.001	N	19.63	4.35	0.008	Ca
	西台吉乃尔	0.02	N	8.256	0.689	1.284	0.0162	14.974	2.882	61	MS
	东台吉乃尔	0.06	N	6.86	1.38	2.22	N	14.23	N	37	MS

1.3 全球锂资源消费领域

在锂及其盐类的应用早期，仅局限于医药、玻璃、陶瓷和搪瓷工业。到 20 世纪 50 年代中期，美国原子能委员会因核武器工业的发展急需大量氢氧化锂，锂工业获得了高速发展。由于锂金属、锂合金及锂盐化合物独有的优异性能，使得锂在民用锂基产品中得到广泛应用，锂及其化合物的品种越来越多，应用领域也越来越广泛。在电子、冶金、化工、医药、玻璃、陶瓷、焊接等领域得到了应用。

进入 21 世纪以后，锂在二次能源领域中的消耗量最大，尤其是用于锂电池的碳酸锂消耗量逐年攀升。在新能源领域，锂被誉为"能源元素"，是推动现代化与科技产业发展的重要资源。

锂的第二大消费领域为玻璃和陶瓷行业，消费量约占 29%（2013 年数据）。陶瓷中加入碳酸锂是使产业降低能耗、环保达标的有效途径之一，并且锂在玻璃中的各种新作用也在不断被发现，因此陶瓷及玻璃对锂的需求仍保持增长。

其他主要消费领域还包括润滑脂制造业、制冷业、核能行业等。

总的来说，锂资源在锂离子电池、航空材料、锂基润滑脂、铝电解、玻璃和陶瓷工业及空调、医药、有机合成工业等方面都已应用，是 21 世纪高科技发展中的关键金属材料，尤其在新能源和轻质合金方面表现不俗，被称为"能源金属"和"推动世界前进的重要元素"。

1.3.1 全球锂电消费情况

20 世纪 90 年代，储能装置为丰富电子产品插上翅膀，极大改变了人类的生活，随着移动终端的快速发展，移动储能成为必须解决的问题，同样拉动了前端产业的快速增长。目前电池行业为全球锂的第一大消费领域，锂的消费量约占总消费量的 35%（2013 年数据），并且呈现出逐年上涨的态势。

追溯锂电池的历史，索尼公司于 1992 年开发出了可以商业化应用的锂离子电池具有里程碑意义，之后锂离子电池技术迅速发展，后来居上，很快超越其他电池技术，而应用于便携式电子产品及储能等领域。在企业推动下，锂电技术成为行业标准技术，在便携式电子产品领域独占鳌头，手机、数码相机、笔记本电脑等产品都在利用锂离子电池供电，其中使用量最大的是手机和笔记本电脑。

下游应用领域，锂离子电池全球消费结构为：手机市场占 45%，笔记本电脑市场占 35%，数码产品 5%，电动工具市场 5%，其他 10%（包括新能源汽车）。随着全球新能源汽车政策的推行，新能源汽车领域中未来锂电池需求有望迎来爆发式的增长。比较之下，中国的锂离子电池消费结构略有不同，手机市场占 60%，电动工具、电动自行车等市场 13%，数码产品、MP3/MP4、航模、蓝牙设备占 12%，笔记本电脑市场 10%，其他 5%。

（1）便携式电子产品

锂电池在便携式电子产品领域，如笔记本电脑、手机、数码相机和数码摄像机等产品中得到广泛应用，其中在笔记本电脑和手机中的使用量最大。近年来手机出现了翻天覆地的变化，正在从传统的"掌上电话"发展为"手机"。这方面中国人似乎更有先见之明，未来的"手机"更会是移动终端，它将整合电话、通信、传真、电脑等所有人类能正在或将要使用的电子功能。我们对"手机"也更加难以割舍，小巧便携与丰富功能体验两者的矛盾自然也在电池技术角逐中让研发人员彻夜不眠。似乎只有锂电技术才能满足电池轻量化和更加"有力"的要求。

中国锂电发展动力更加强劲，一方面动力来自于最快速的手机增长市场；另一方面也来自于手机通信技术弯道超车，3G 业务缩小差距，4G 业务齐头并进，5G 业务引领世界。手机更新换代之快，使得很多公司已将该产业定位于快消品，也使得手机电池市场有巨大的想象空间。

电池作为笔记本电脑中的重要组成部分，从诞生那天起就引起广泛的关注。显然对于它的要求更高，随着技术的发展，人们对电池的稳定性、连续工作时间、体积、充电次数和充电时间等的要求越来越高。甚至在一段时期，电池的技术成为限制着笔记本电脑发展的瓶颈。因此，不夸张地说，电池技术进步促进了笔记本电脑的发展。

（2）电动自行车

与手机电池一样，电动自行车行业也给锂电池的应用带来巨大的遐想空间。从市场上比较，中国电动自行车占全球总量的 95% 以上。2010 年中国电动自行车产量达到 2 954 万辆，同比增长 24.7%。2005 年产量仅 1 211 万辆，2005~2010 年年均增长率为 19.5%。目前，电动自行车采用铅酸电池为主，虽然价格优势明显，但是由于其高污染和高毒性问题，该技术的退出是市场必然的选择。目前，锂离子电池配套的电动自行车占总量的 8% 左右。如果能够实现完全替代，将给整个锂产业的发展带来巨大的推动。加强电动自行车的整车企业和电池企业的协作，通过技术整合、不断的研发和技术创新，共同推动锂电池电动自行车的发展，使电动自行车更低碳、更环保，这是未来电动自行车发展的基本思路。

（3）电动工具

电动工具是锂电池一个具有大规模运用前景的市场。目前，电动工具以镍镉电池为主，搭配锂电池的电动工具可以轻易突破过去 18 V 的电压设计限制，并成为电动工具产业的产品趋势。

2005 年 E-ONE Moli 与 Miwaukee 合作推出的 V28 使用锂锰正极材料的 26650

电池在电动工具业界造成震撼，正式宣告电动工具锂电时代的到来。2007年，全球最大的电动工具厂商 B&D 推出全球第一款采用磷酸铁锂电池的电动工具（DCX6401 ComboKit），这款产品在上市后第二个季度，便因其1小时高速充电、功率强大、高安全性和2 000次以上的电池循环寿命等优点，创下2 000万美元的销售成绩，打破了 B&G 创立以来的所有纪录。

（4）新能源车

新能源汽车是指采用非石油基的车用燃料作为动力来源（或使用常规的车用燃料、采用新型车载动力装置），综合车辆的动力控制和驱动方面的先进技术，形成技术原理先进、具有新技术、新结构的汽车。

2010年12月1日，工信部牵头制定的《节能与新能源汽车产业规划（2011—2020年）》基本完成，征求意见稿中指出的发展目标是：经过10年努力，建立起较为完整的节能与新能源汽车产业体系，掌握具有自主知识产权的整车和关键零部件核心技术，具备自主发展能力，整体技术达到国际先进水平。培育形成若干具有较强国际竞争力的节能与新能源汽车整车和关键零部件企业集团。2020年，新能源汽车累计产销量达到500万辆，中/重度混合动力乘用车占乘用车年产销量的50%以上，我国节能与新能源汽车产业规模位居世界前列。

（5）其他锂电

由于锂电池具有很强的优势，目前已经被用于美国航空航天局的火星着陆器和火星漫游器。今后的系列探测任务也将采用锂电池。除了美国航空航天局的星际探索外，其他航天组织也在考虑将锂电池应用于航天任务中。目前锂电池在航空领域的主要作用是为发射和飞行中的校正、地面操作提供支持；同时有利于提高一次电池的功效并支持夜间作业。对于军工装备而言，目前锂电池除了用于军事通信外，还用于尖端武器，如鱼雷、潜艇、导弹等。由于锂电池具有非常好的性能，能量密度高，重量轻，可促进武器的灵活性。

从电子手表、CD唱机、移动电话、MP3、MP4、照相机、摄影机、各种遥控器、剃须刀、儿童玩具，到医院、宾馆、超市、电话交换机等场景，锂电池应用之广令人惊叹。最近，在新能源领域，在风能、太阳能等储能环节也开始尝试利用锂电池。

1.3.2　其他行业锂资源消费情况

锂的第二大消费领域为玻璃和陶瓷行业，锂的消费量约占29%（2013年数据）。陶瓷中加入碳酸锂是使产业降低能耗、环保达标的有效途径之一，并且锂在玻璃中的各种新作用也在不断被发现，因此陶瓷及玻璃对锂的需求仍保持增长。其他主要消费领域还包括润滑脂制造业、制冷业、核能行业等。

第二章
全球盐湖锂资源产业开发现状[6-60]

据统计，1974 年世界锂资源储量中，卤水锂资源仅占 2% 左右，但随后的十年时间，卤水锂资源增长了 272 倍之多，它在总锂资源储量中所占的比例，也由 2% 上升至 84%。盐湖卤水锂资源的大量发现，改变了世界开发利用锂资源的方向。

自 1938 年始，美国从西尔斯盐湖卤水获得锂盐以来，世界盐湖卤水锂资源的开发利用已有 70 多年的历史。近年来，盐湖卤水锂行业发展迅速，全球卤水锂产品的产量从 1997 年的 5 000 吨到 2008 年约 1.5 万吨（以 Li 计），平均每年以 11% 左右的速率增长，2009—2010 年产量受全球经济危机影响波动较大。由于碳酸锂性质稳定，易于运输，所用沉淀剂易得，生产成本低，且碳酸锂溶解度较小，产品回收率较高，盐湖卤水锂矿制备的锂盐产品多为碳酸锂，再以碳酸锂为原料加工生产其他下游产品。

世界主要的碳酸锂生产商有智利化学和矿业有限公司（SQM）、智利锂业公司（SCL）、美国福特公司（Chemetall Foote）、美国芝加哥食品机械有限公司（FMC）以及中国西藏日喀则扎布耶锂业高科技有限公司、青海中信国安科技发展有限公司。

2.1 盐湖锂资源开发历史

20 世纪 80 年代以前，世界各国主要开发锂矿石资源，80 年代以后，随着卤水锂资源被大量发现，特别是南美洲巨大盐湖卤水锂资源的发现和探明，人们便逐渐把注意力由锂矿石提锂转向盐湖卤水提锂。卤水提锂工艺流程简单、生产成本低廉，引起世界上一些锂生产大企业和卤水锂资源丰富国家投资开发的极大热情。

2.1.1 美国塞浦路斯富特公司[7]

第二次世界大战以后，富特公司从政府手中廉价购进了在宾夕法尼亚州埃克斯顿的锂盐厂。1950 年又从索尔万公司手中购得了北卡罗莱纳州金斯山的锂辉石开采权。从 20 世纪 50 年代开始，富特公司大力从事锂的研究工作，首先采用石灰法制取氢氧化锂。1953 年在弗吉尼亚州的桑布赖特，石灰法氢氧化锂厂投产，年产 7 000～8 000 吨单水氢氧化锂。1955 年起，由于美国原子能委员会大量收购氢氧化锂，美国锂工业发展很快。1959 年停止收购，导致锂工业产能过剩 500%，销售出现不景气。美国的锂工业实际只剩下富特公司和美国锂公司两大家。为了推销产品，富特公司对锂的应用进行了广泛的研究。研究的项目很多，除原来已应用较广的行业外，具有工业规模的应用只有丁基锂用于合成橡胶一项。

1963 年，富特公司在内华达州的银峰地区利用地下卤水提取碳酸锂开始生产。1964 年年产碳酸锂 2 000 吨，1974 年起扩大生产，1978 年和 1979 年两年每年生产超过 3 000 吨。卤水提锂利用太阳蒸发，工艺简便，成本较低，利润率高。1975—1976 年间，富特公司将桑不赖特的石灰法氢氧化锂工厂改建成以碳酸锂为原料，用苛化法生产氢氧化锂，年产能力为 4 000 吨单水氢氧化锂。1976 年年底，富特公司在金斯山锂辉石选厂附近建成一个年产能力为 5 400 吨碳酸锂的工厂，投资 2 000 万美元。1978 年生产碳酸锂 4 500 吨，1979 年生产 5 400 吨，达到设计生产能力，1979 年第四季度生产能力扩大到 6 400 吨。

1975 年，美国塞浦路斯富特公司与智利生产发展公司组成了联合企业——智利锂公司，专门从事阿塔卡玛锂资源的开发工作，在安多法加斯达（Antofagusta）建立了卤水生产碳酸锂厂，并于 1984 年下半年投产。阿塔卡玛干盐湖在智利北部，占地 3 000 平方千米，湖中心是主要的锂资源区，其覆盖面积约 1 300 平方千米。探明锂储量为 430 万吨锂，其中证实储量达 162.5 万吨锂，平均锂含量为 0.125%。

2.1.2 FMC 锂公司

FMC 锂公司也积极到南美洲开发盐湖卤水锂资源，在盐湖卤水提锂上与塞浦路斯富特公司展开了竞争。他们首先把投资开发目标瞄准玻利维亚的乌尤尼盐湖。乌尤尼干盐湖位于玻利维亚西南部，是安第斯中部最大的干盐湖，海拔 3 650 米。平均锂含量 0.025%，探明储量为 550 万吨锂。此外还含有丰富的钾和硼，是目前世界上锂储量最多的盐湖。

1989 年 FMC 锂公司参加玻利维亚政府招标，结果顺利中标并签订了一项开发协议。根据协议，FMC 锂公司在完成一项 5～7 年的勘查工作后，计划在 40 年内投资 8.48 亿美元生产 40 万吨锂。

同时 FMC 锂公司又把开发卤水锂资源的计划扩展到阿根廷的翁布雷穆埃尔托盐沼，该盐沼的开发条件较乌尤尼盐湖好，但储量较小，仅为阿塔卡玛的 1/10，其卤水成分与银峰相似。FMC 锂公司与阿根廷政府就开发该盐沼锂资源达成了初步协议，根据协议，FMC 锂公司需要先投资 500 万美元进行 3～5 年的勘探，验证有工业开采价值后，将再投资 3 500 万～5 000 万美元建设太阳能蒸发池和锂盐生产厂，预期每年可生产 7 000～15 000 吨碳酸锂。

2.1.3　新西兰锂公司

新西兰锂公司于 1992 年也开始从卤水中提锂，以氯化锂的形式提取，然后转化成碳酸锂和金属锂，生产厂设在惠灵顿，碳酸锂年产量约 1 200 吨，据说可进一步提高到 6 000 吨。

随着研究工作的深入开展，卤水提锂的方法不断增多，新技术、新工艺不断涌现，越来越多的锂生产大企业和卤水锂资源丰富国家投身盐湖提锂研究及开发当中。

2.2　南美"锂三角"盐湖锂资源的开发利用[7-52]

目前，盐湖锂资源的开发利用还仅限于锂含量较高的富锂卤水。就全世界而言，则主要集中在南美洲安第斯高原盐湖群和中国青藏高原盐湖两大区域。

2.2.1　"锂三角"地区的自然条件和盐湖的特点

在南半球盐湖带，从东面的安第斯山脉（包括火山锥）到西面的太平洋沿岸，依次为前安第斯盆地、前安第斯丘陵、中央洼地，至太平洋海岸山脉而降低。中间地带有众多面积不等的盆地，形成了大量的盐湖，有卤水湖、干盐湖和季节性干盐湖。其中，玻利维亚的乌尤尼盐湖面积最大，达 10 582 平方千米，是世界上最大的盐湖。在这一地带的封闭盆地中，还蕴藏有世界著名的硝酸盐、硼酸盐、天然碱等大量有用矿产，具有极为重要的工业价值。该地区主要盐湖的自然数据列于表 2—1 中。

表 2-1　南美富锂盐湖情况

盐湖名称	所在国家	湖面积/km²	海拔/m	卤水锂浓度/(mg/L)	锂储量/10⁶	开发状态	蒸发量/mm	大气降水/mm	所属公司
阿塔卡玛	智利	3 200	2 300	1 500	6.3	已生产	3 833	20～50	SQM#
霍姆布勒穆尔托	阿根廷	565	4 300	620	0.8	已生产	2 300	20～25	FMC
乌尤尼	玻利维亚	10 582	3 650	350	10.2	试验中	1 300～1 700	100～200	
里肯	阿根廷	256	3 700	330	1.118	试验中	3 000		
Olaroz	阿根廷	508		800	0.156	筹划中	2 600～2 800#	<100	
Cauchari	阿根廷	—	3 950	0.051%#		筹划中			
Agua Amarga	智利	23	3 558			筹划中	1 100	120	
La Isla	智利	152	3 950			筹划中	1 000	130	
Las Parinas	智利	50	3 987			筹划中	1 000	140	
Grande	智利	29	3 950			筹划中	1 000	130	
Aquilar	智利	71	3 320			筹划中	1 100	100	
Pledra Parada	智利	28	4 150			筹划中	1 000	140	
Mariounga	智利	145	3 760	0.092%#		筹划中	2 600#	120	Mg/Li=8#
扎布耶	中国	247	4 420	970	1.53	已生产	2 500	180	

"锂三角"地区的气候极为干燥，尤其是被气候学家称为"绝对沙漠""地球的旱极"的阿塔卡玛干盐湖地区。阿塔卡玛干盐湖区位于智利内陆跨越南回归线的区域，面积逾3 200平方千米，是在侏罗纪到第三纪初期形成的。该盆地是从北到南由正常断层形成的地堑，其中心部分的面积约为1 100平方千米，含有岩盐并带有硫酸盐及碳酸盐薄层，中心部位的盐层厚约1 000米，向南逐渐变薄，至南部边缘地带，厚度仅为40米。在该干盐湖的某些地区，锂浓度极高，地表以下50～350米深处的晶间卤水的锂浓度达2 000～4 000 mg/L，甚至5 000～7 000 mg/L，经济意义十分重要。这可能是由于该盆地有几个锂的来源：覆盖着周围山坡的酸性火山岩（流纹凝灰岩及火山灰流）中锂的淋滤；河流和地下水的搬运；干盐湖形成以前的湖相沉积物的风化和淋滤；锂含量较高的北部El Tatio地热水；该干盐湖东侧安第斯山系的盐湖群。横向断裂构造可能为含锂溶液进入该盆地提供了通道。

该地区由于气候极度干燥，淡水年均蒸发量可达3 833毫米，卤水年均蒸发量亦可达2 032毫米，而年均降雨量只有20～50毫米，相对湿度仅为5%。自从1870年西班牙人在此建立气象站以来，该站至今尚无降雨记录。全年气温波动范围为

$-1 \sim 35$ ℃。再者，下午的西风有时风速高达 100 km/h，而相当温暖的气温导致水分迅速蒸发。蒸发量超过降雨量已经历了几百万年之久，从而极有利于通过毛细管渗滤使卤水浓缩。实际上，该处的经营公司在开发利用工艺上也都充分利用了这些有利条件，全部采用盐田工艺浓缩卤水，富集有用组分，以达卤水成分初步分离的目的。

该地区的盐湖大多为干盐湖，蕴藏的是氯化钠饱和的晶间卤水，其他重要组分锂、钾、硼等的浓度高，特别有利于加工提取。部分为季节性半干盐湖，随取样季节和地点的不同，卤水成分变化很大，因此，选取有代表性的样品就十分重要。同时，不同产地的卤水，其化学组成时常差别很大，也多源于此。

该地区盐湖卤水的化学类型属于硫酸盐型，以硫酸镁亚型居多，也有硫酸钠亚型，但未发现氯化物型和碳酸盐型。

2.2.2 南美"锂三角"盐湖锂资源开发中的问题

（1）原料卤水的开采和老卤的处置

阿塔卡玛盐湖的晶间卤水是从干盐壳下开采出来的。在采卤区按 $200 \sim 500$ 米网格布置抽卤井，用动力设备从盐壳以下抽取卤水，平均采卤深度为 28 米。然后，将卤水用管道输送至塑料衬底的太阳蒸发池中。抽卤井的准确间距取决于卤水的质量及该地区盐层的孔隙率和渗透率。SQM 公司的钾—锂生产大约用 40 个生产井和 13 个监测井，采卤水能力约为 5 280 m³/h。生产井口径约为 41 cm。抽取的卤水经 25 公里输送至盐田，中间备有增压接力泵装置。

干盐湖盐壳下结晶盐类聚集体的孔隙率和渗透率，对于晶间卤水的开采至关重要，对于晶间卤水储量的计算也必不可少。曾有人研究过阿塔卡玛干盐湖盐壳下盐层的孔隙率，得知从盐层顶部至 $20 \sim 25$ 米深度范围内，孔隙率和渗透率较高；至 30 米以下，孔隙度递减为 0；再往下，盐层已完全结晶成坚实的固体而无孔隙。很多人据此认为，这是干盐湖盐层孔隙度的变化规律，孔隙只存在于距地表 30 米以内；但事实并非如此，例如，正在阿根廷 Diablillos 干盐湖进行开发前期工作的 Rodinia Lithium Inc. 公司，前不久刚发布的数据就证明了这一点。该公司公布了 Diablillos 干盐湖上 6 个钻孔的不同深度间隔的孔隙度数据及阿塔卡玛盐湖干盐层的孔隙度数据（表 2-2）。Salar de Diablillos 钻孔在 19.1 米至 92.7 米深处，盐层的孔隙度为 37.0%，其余钻孔在 $60 \sim 90$ m 深度区间的孔隙度也都在 35% 以上。这表明，不能将盐湖盐壳下盐层的孔隙度当成不变的固定值来考虑，不能将一个干盐湖盐壳下盐层的孔隙度数据随意推广至另一个盐湖。盐层的孔隙度应该与干盐湖盐层的密实程度有关，并认为它应该与干盐湖的"新"、"老"程度，即干盐湖的年龄有关。

表 2-2　阿根廷阿塔卡玛和 Diablilos 干盐湖盐壳下盐层的孔隙率

阿塔卡玛盐湖盐层		Diablilos 盐湖盐层				
盐层深度/m	孔隙度/%	钻孔号	起点深度/m	终点深度/m	间隔距离/m	孔隙度/%
0-0.5	30	D-RC-07	2.5	90.6	88.1	35.7
0.5-2	20	D-RC-08	3.1	62.6	59.5	35.1
2-25	15	D-RC-11	19.8	26.8	7.0	46.8
25-35	5	D-RC-13	19.1	92.7	73.6	37.0
>35	0	D-RC-14	2.3	65.0	62.7	38.6
		D-RC-16	2.4	78.3	75.9	37.0
		平均				38.4

　　"锂三角"地区气候极度干燥，蒸发量极大，其中的阿塔卡玛沙漠自 1870 年建立气象站以来，尚无降雨记录（金陵晚报，2006）。因此，该地区特别适合建造太阳蒸发池，利用太阳池技术廉价浓缩盐湖卤水，富集有用成分。实际上，已开发利用和计划开发利用盐湖的公司，也都采用和计划采用盐田技术。SQM 公司盐田蒸发池的总面积逾 550 万平方米，分成 116 万平方米的石盐池，336 万平方米的钾石盐池和 100 万平方米的锂盐池。SQM 公司雇用了 184 人在阿塔卡玛盐湖区工作，其中的 120 人来自附近人烟稀少的当地社区。

　　盐湖开发利用最终产生的老卤及其他废卤水如何处理，是盐湖开发利用必须解决的问题。南美盐湖开发最终产生的老卤都回注到盐湖盐壳之下，不留在地表。例如，SQM 公司将最终老卤，在距厂区 12 公里之外的地方，回注到盐湖干盐壳之下。乌尤尼盐湖的中试方案也将老卤返回到湖中。在 Cauchari 盐湖的开发计划中，老卤也是排回到盐湖中。

　　(2) 盐田天然相分离工艺基础研究及操作实践

　　盐湖卤水资源的开发利用首先都要采用盐田工艺，这是因为卤水中的有用成分还需要进一步浓缩富集，而天然日晒浓缩是最节省能耗的，同时，目前的盐田工艺已发展成为一种初步分离卤水中各组分的手段。盐田工艺能通过巧妙地运用盐田分区、兑卤、母液循环、析出盐类回溶以及不同季节的温度变化等操作步骤，获得所希望的某种组分盐类或混合盐类，并使其化学成分变为最适合后续加工要求的固相。

　　从环境保护的角度来看，盐田工艺是一种充分利用自然条件、不加任何化学药剂、无化学残留、完全符合绿色化学要求的工艺。在湖区修建太阳池（盐田）来蒸发浓缩卤水，是最经济实用的办法。而且，盐湖得以形成，经历了漫长的地质年代保存至今，原因是，湖区的自然地理环境必然是蒸发量远大于降水量，湖区的土壤也一定能保留住湖中的水体而不会渗漏殆尽。这就使得在湖区选择合适的地段修建人工盐田，按要求蒸发浓缩卤水、进一步富集卤水中欲提取的成分有了基本保证。

阿塔卡玛盐湖在 1982 年正式投产前，曾进行了 7 年的准备工作，而科研人员进行相化学及实验室和现场的盐田工艺研究就达 6 年之久。其中包括在盐湖现场蒸发前进行的蒸发试验，确定蒸发析盐顺序，不同阶段卤水的蒸发速度、卤水蒸发量、淡水蒸发量，以便确定蒸发速度和盐田设计所需的各种有关参数。该盐湖的卤水虽然属于硫酸镁亚型，但其镁含量很低，已接近硫酸钠亚型，且锂浓度很高，所以，其蒸发过程中盐类结晶顺序与大洋水的蒸发结晶顺序差别极大。在氯化钠结晶析出后，第二个结晶析出的固相是氯化钾；更为特殊的是，接着第三个析出的是含锂的硫酸盐复盐（$LiKSO_4$）；而且，在其后第四种盐光卤石（$KCl \cdot MgCl_2 \cdot 6H_2O$）和第五种盐钾盐镁矾（$KCl \cdot MgSO_4 \cdot 2.75H_2O$）析出过程中，前 3 种盐一直伴随共同结晶析出；直至转变点 $LiKSO_4$ 消失且出现含锂的新相（$Li_2SO_4 \cdot H_2O$）。其中，$LiKSO_4$ 的析出阶段很长。该盐湖冬季卤水蒸发的结晶析盐顺序则与上述不同，析出的钾盐是软钾镁矾，而锂在整个蒸发过程中都不析出，一直富集在母液中，最后则以 $Li_2SO_4 \cdot H_2O$ 的形式结晶析出。

由此不难看出，卤水在冬季蒸发和夏季蒸发析出盐类，需要采用不同的加工工艺路线来处理。根据冬季蒸发获得的结晶盐类，将盐田设计成石盐结晶池、钾石盐结晶池和含钾硫酸盐混合盐结晶池三部分。各部分的面积分别为 8.2 平方千米、3.9 平方千米和 1.9 平方千米，总面积为 14 平方千米，后又加以扩大，以提高其生产能力。蒸发时，将首先析出的石盐从氯化钠池分离掉，然后，通过管道将卤水输送至下一个相邻的盐田，继续蒸发，钾石盐析出。收集得到的钾石盐用卡车运至钾盐加工厂，生产氯化钾。与钾石盐分离后的卤水进入硫酸钾混盐结晶池，继续蒸发浓缩就结晶出了含钾硫酸盐混盐，再送往硫酸钾加工厂生产硫酸钾。此时，卤水中硼、锂浓度都很高，成为提取硼、锂的原料。夏季蒸发所获得的混盐含有 $LiKSO_4$，因此，其锂盐与钾盐的分离及加工提取的工艺过程完全不同于冬季蒸发的过程。

盐田的操作实践对不同的盐湖差别很大。由于不同的盐湖所处地区的自然地理条件，如温度、湿度、太阳辐射、风速等的差异，因而，对卤水蒸发的影响亦大不相同。SQM 公司在阿塔卡玛盐田按照如下的周期循环进行操作：排除卤水和晾晒（1 周），储卤和灌卤（4 周），连续收盐和灌卤（4 周），盐田准备工作（1 周）。该公司在蒸发池的底部留有 20 厘米厚的析出物，以保护塑料衬底。这种操作可采集到 35 cm 厚的盐层。采盐机由 Caterpillar 公司及 Rahco 公司制造，由 SQM 公司自主改装。这种机械最初的设计是用于修路时刨掉旧的碎石路面，每台都装有激光束发生装置，可准确控制采盐时切割盐层的厚度，以保护昂贵的盐田塑料衬底。玻利维亚乌尤尼盐湖中试用盐田就铺有结实的塑料衬底，以防卤水渗漏，特别是后期硼、锂富集的卤水更为宝贵。

2.3 世界主要锂资源盐湖开发情况[9]

2.3.1 阿塔卡玛（Atacama）盐湖

1969 年，智利地质研究所首次对阿塔卡玛盐湖进行了大范围的地质勘探。1971年，智利国家开发署开始对其资源储量和开发经济性进行评价，其后有多家公司投入了开发。目前，有 SQM 和 Chemetall SCL 两家公司在开发阿塔卡玛盐湖。SQM公司 2013 年的碳酸锂产量约为 3.61 万吨；Chemetall SCL 公司的生产能力约为每年 2.3 万吨。此外，SQM 公司 2013 年还生产了 143 万吨氯化钾、176 万吨工业硝酸钠、9 300 吨碘、各种复合肥 84.8 万吨等。

该盐湖卤水的综合利用已与其周边矿产资源的开发相结合，整合成大型综合型无机化工企业。目前，SQM 公司的产品可按 2 条生产线实施，其流程框图如图 2—1 所示。产品计有碳酸锂、硼酸、氯化钾、硫酸钾、硝酸钾、硝酸钠和碘，而每一种产品又有多种规格。

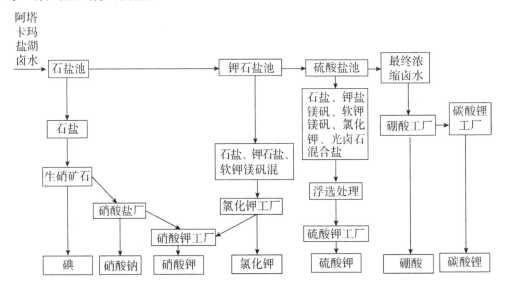

图 2—1 阿塔卡玛盐湖卤水综合利用产品流程

该盐湖的卤水经盐田日晒，从钾石盐池、硫酸盐池分别采收钾石盐混盐、硫酸盐混盐。前者运至氯化钾加工厂，经浮选、洗涤、干燥，生产出纯度为 95% 的氯化钾。除小部分氯化钾产品供应市场外，大部分氯化钾与生硝矿加工厂生产的硝酸钠经过复分解生产出硝酸钾专用肥。盐田的最终浓缩卤水先用于生产硼酸，然后再用来生产碳酸锂。

阿塔卡玛盐湖卤水属于硫酸镁亚型，Mg/Li 值为 6.4。盐田日晒过程中有镁盐结晶析出，而锂被浓缩富集后浓度增高，最终浓缩卤水的 Mg/Li 值变小，但在最终沉淀出碳酸锂之前，还必须除掉卤水中的镁。w（Li^+）为 6.0% 的盐田最终卤水经提取硼酸后，先用煤油萃取剂进一步除硼，使 w（B）降至 5×10^{-6}；然后，向卤水中加入一定量的碳酸钠，使卤水中的镁沉淀为碳酸镁，而锂不会成为碳酸锂沉淀出来；最后，用氢氧化钠将剩余的微量镁除掉，再加入纯碱使锂以 Li_2CO_3 形式沉淀出来，再以水洗涤，经干燥或其他后处理，制得不同规格要求的 Li_2CO_3 产品。

前已述及，阿塔卡玛盐湖区夏季气温较高（18～35 ℃），卤水在夏季蒸发时，锂会较早地以 $LiKSO_4$ 复盐形式结晶析出，使得从硫酸盐池采收的钾混盐含有较多的呈 $LiKSO_4$ 形式的锂。对这种混盐，既要加工成 K_2SO_4，又要回收其中的锂且加工成锂产品。在这种情况下，加工工艺要复杂些，其工艺流程如图 2-2 所示。

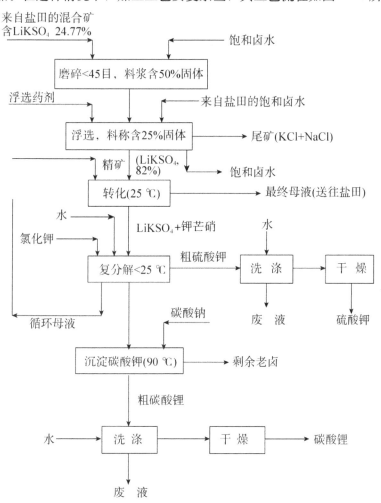

图 2-2   阿塔卡玛含锂硫酸盐混盐制取硫酸钾、碳酸锂工艺流程

除 SQM 公司外，Chemetall SCL 公司（智利锂公司）也在开发阿塔卡玛盐湖的矿产资源。该公司是德国 Chemetall GmbH 公司的子公司，后者是世界著名的锂盐生产企业，其铯产品也世界闻名。该公司用阿塔卡玛盐湖卤水生产碳酸锂，在湖区建有盐田，生产 Li_2CO_3 的车间等设在安托法加斯塔港，产能约为 2.3 万吨碳酸锂，全部运往 Chemetall GmbH 公司在美国的加工厂生产下游锂产品。

阿塔卡玛盐湖已成为世界最重要的锂盐和多种盐类的生产地。这一地区还蕴藏有许多其他固体盐类矿床（硼酸盐、硝酸盐、硫酸盐等），也在被开发利用。由于这一地区资源极其丰富，自然条件又得天独厚，现在已有众多公司蜂拥而至，南美安第斯山地区盐湖群的开发，已成为世界无机化工发展的一大热点。

2.3.2 霍姆布勒穆尔托（Hombre Muerto）盐湖

该盐湖位于阿根廷西北部 Salta 省与 Catamarca 省的交界处，面积约 565 平方千米，海拔 4 300 米，距首都布宜诺斯艾利斯 1 370 千米。湖区年均降雨量仅 20~25 毫米，卤水的 w（Li^+）为 0.22~1.08 g/L，较周围一些盐湖要高。就目前所知，该盐湖的锂储量按现今产能规模进行开发，足以支持开采 75 年以上。

美国芝加哥食品机械有限公司（Food Machinary Corp.，简称 FMC）综合考虑湖区当地的气温、空气湿度、风速等自然条件，认为建造盐田蒸发浓缩卤水是经济可行的，并采用该公司专有的吸附工艺技术来提取碳酸锂。该公司的碳酸锂厂于 1997 年投产，氯化锂厂于 1998 年 1 月投产。2012 年该公司实际生产了 1.06 万吨碳酸锂和 4 300 吨氯化锂，占当年全球市场份额的 11%。

另外，加拿大第一锂业公司（Lithium One Inc.）占据了霍姆布勒穆尔托盐湖 320 平方千米面积的盐湖锂资源。该公司于 2010 年上半年在湖表进行了系统取样、地球物理勘探和钻探，下半年开始了蒸发试验和中间试验。蒸发试验至少要运行 12 个月，以便模拟全年的气候条件。他们使用 6 个蒸发池，其中 4 个较大的用预应力玻璃钢制成，较小的 2 个则用金属制成；经过 4 个月的蒸发，卤水的 w（Li^+）超过了 1.25%，w（K^+）超过了 4%。中试的工艺过程是用石灰除镁，除掉硼、镁、钙后的卤水用于生产碳酸锂，2011 年初首次获得了碳酸锂产品，共生产了 4 批碳酸锂和 2 批氯化钾。

2.3.3 乌尤尼（Uyuni）盐湖

乌尤尼盐湖位于玻利维亚西南部波托西省（Potosi）的安第斯高原，海拔 3 650 米，面积达 10 582 平方千米，是世界上最大的盐湖。该盐湖是史前巨大的 Minchin 湖泊干化后形成的 2 个盐沼之一，另一个就是玻利维亚的 Coipasa 干盐湖。乌尤尼盐湖是季节性干盐湖，每年 11 月份雨季时，表面卤水可升至盐壳以上几十厘米，形成巨大的盐沼湖面，并有 3 条河流注入湖中；旱季到来后，由于气候干燥，湖面蒸发速度很快，盐沼可在几周内完全干涸，留下非常平滑的盐壳表面。据估计，该盐湖蕴藏有 $100×10^8$ 吨的盐，目前每年开采食盐约 2.5 万吨。

近年来，玻利维亚政府在积极推进乌尤尼盐湖矿产资源的开发利用，专门成立了玻利维亚矿业公司（Corporacion Minera de Bolivia，COMIBOL），政府占51％股份，致力于乌尤尼盐湖矿产资源的开发。该盐湖卤水开发利用的中间试验已于2010年5月启动。该矿业公司下属的蒸发盐公司在其网站上公布了详细的中试方案，该方案特别重视生态环境的保护，并有详尽的方案措施。开发产品有碳酸锂、硼酸、氯化钾、硫酸钾和镁盐。2010年10月，玻利维亚总统宣布了开发锂资源的指导方针：初期阶段的开发将由本国自有资金全面控制，外资只能参加最后生产高附加值产品的投资项目。值得注意的是，玻利维亚官方认为，玻方科研人员的考察认为其锂资源储量达到1 800万吨以上，这一结果要比美国地质调查局预计的900万吨多一倍。

2.3.4 里肯（Rincon）盐湖

里肯盐湖位于阿根廷西北部萨尔塔省，海拔3 700米，面积超过250平方千米。卤水的年蒸发量约3 000毫米，w（Li^+）为0.33％，Mg/Li值为8.4。据估计，该盐湖的锂资源储量为740万吨碳酸锂，钾储量为5 100万吨氯化钾。

最先由澳大利亚Admiralty Resources NL公司的子公司Rincon Lithium开展里肯盐湖开发的前期工作，包括水文研究、盐田蒸发和碳酸锂提取工艺研究等。2007年年底，中间试验场建成并投入运行，盐田面积5万平方米，衬有2层塑料膜（总厚度为100 μm）。中试非常成功，2008年中试生产出了97％的碳酸锂12吨，后续设备安装完成后可得99％以上的碳酸锂和99.75％的氯化钾产品。该公司设计的最终生产能力为碳酸锂1万吨、氯化锂3 000吨、氢氧化锂4 000吨，并计划在锂盐投产前，先生产钾盐，约每年4万吨。2008年公司经股权变更，由Sentient Group下属的ADY Resources公司经营开发。该公司采用的除镁离子、钙离子的过程为：先以石灰乳除二价镁，多余的钙离子再用硫酸钠除去，若要达到年产1.5万吨氯化锂，则需8.4万吨硫酸钠。为此，公司购买了250千米以外的里奥格兰德干盐湖（Salar del Rio Grande），这是一个硫酸钠矿床，储量达1 850万吨。

最近，秘鲁的Li3 Energy Inc. Corp.也参与了里肯盐湖的开发。该公司在里肯盐湖的南部、北部都拥有开采权，总面积超过200平方千米。其卤水的w（Li^+）为0.033 18％，w（K^+）为0.63％，w（Mg^{2+}）为0.27％，Mg/Li值为8.1。与其相毗邻的Centenario盐湖卤水中有用成分的浓度还要高得多，w（Li^+）达到1.5×10^{-3}，w（K^+）更高，可达10×10^{-3}。Li3 Energy Inc. Corp.公司拟采用盐田技术浓缩富集卤水中的锂离子、钾离子，其卤水的Mg/Li值虽高达8以上，但仍拟采用简单的碱法除镁工艺。在用碳酸钠沉淀碳酸锂以前，还需要进一步净化卤水，以离子交换树脂除去卤水中残存的硼，之后沉淀析出的碳酸锂经洗涤、干燥后，产品碳酸锂可达电池级质量要求。

还有许多消息报道了南美其他盐湖的开发状况。如阿根廷的Centenario、Pocitos、Mariana、Salarde Salinas Grandes 等，玻利维亚的 Pastos Grandes，智利第 3 区（高于省级的行政区划）的 7 个干盐湖、阿塔卡玛盐湖的其他部分，秘鲁的 LVS 盐湖等。此外，自从美国前总统奥巴马于 2010 年 2 月提出要在 2015 年把 100 万辆插电式电动汽车开上路之后，也有几家公司在美国内华达州银峰盐湖附近勘查新的卤水锂资源，并已着手进行开发工作。如火如荼的锂开发热正在席卷世界各地。

2.3.5　美国希尔斯湖

希尔斯湖属于干盐湖，面积 100 平方千米，海拔 512 米，年均降雨量与蒸发量比例在 1/20 左右，卤水年蒸发量 960 毫米。氯化锂净储量 26.6 万吨，是世界上第一个进行工业化生产锂盐的盐湖。20 世纪 30 年代，美国钾碱化学公司以回收磷酸锂供应市场；1951 年，卡尔马基（Kerr-Megee）公司利用磷酸锂转化为碳酸锂，年产量 750～1 200 吨。1978 年，由于缺乏与银峰竞争的优势，该生产线停产。

2.3.6　美国银峰盐湖

银峰盐湖面积 32 平方千米，气候干燥，年降雨量 230 毫米，年蒸发量 1 800 毫米，卤水含锂 0.016%，由塞浦路斯福特（Cyprus Foote）开发并生产碳酸锂，地下卤水在日晒池中蒸发浓缩，锂达到一定浓度后，用碳酸钠沉淀出碳酸锂。1994 年，碳酸锂年产 2 250 吨。1998 年 4 月，塞浦路斯福特被德国 Chemetall 兼并，该公司在银峰和阿塔卡玛盐湖都有生产碳酸锂，现重点转向阿塔卡玛盐湖。

2.3.7　美国大盐湖

美国大盐湖是典型硫酸盐型盐湖，面积 3 800 平方千米，最高温度 40.6 ℃，最低温度－32.2 ℃，全年平均气温 10 ℃。美国大盐湖矿物化学公司以卤水为原料，形成年产钾盐 45 万吨（其中硫酸钾 20 万吨），硫酸钠 20 万吨，氯化锂 3 600 吨，溴 3 600 吨生产规模的综合利用化工基地。

第三章
全球盐湖锂资源产业专利态势分析

目前，提取锂主要有矿石提锂和盐湖提锂两种方式。虽然矿石提锂工艺相较盐湖卤水提锂工艺成熟，产品质量稳定可靠，但是从可持续发展角度出发、对比两种工艺的能耗、污染、资源量等，盐湖卤水中提取锂工艺简单，成本低，优势较为明显，正在逐步取代矿石提锂方法。据统计，盐湖卤水锂资源储量约占锂资源总量的80％，因此盐湖卤水提锂将成为锂盐生产的主攻方向。

国外利用盐湖卤水进行锂盐开发利用的有：美国的西尔斯湖（Searles Lake）、银峰（Silver Peak）地下卤水、阿根廷的霍姆布勒穆尔托（Hombre Muerto）盐沼和智利阿塔卡玛（Atacama）盐湖等。锂储量大但尚未生产的有：美国的大盐湖（The Great Salt Lake）、俄罗斯的卡拉博加斯海湾、以色列和约旦的死海（Dead Sea）及玻利维亚的乌尤尼（Uyuni）盐沼等。我国也是盐湖资源丰富的国家，具体资源和开采情况将在后续章节中详细介绍。

3.1 盐湖提锂方法

从盐湖卤水中提锂的生产工艺方法主要有沉淀法、萃取法、离子交换吸附法、煅烧浸取法和电渗析法等。国外盐湖多为低镁锂比卤水，通过沉淀法即可实现分离，因此目前广泛采用蒸发—结晶—沉淀法，技术相对较为成熟。而中国的盐湖为高镁锂比卤水，无法直接采用蒸发—结晶—沉淀技术实现，因此国内只能选择较为复杂

的生产工艺。目前，除蒸发—结晶—沉淀法外，还有萃取法、离子交换吸附法等方法处于研究开发过程中，有些技术已经开始产业化试生产。

主要盐湖提锂方法如下。

3.1.1　沉淀法

沉淀法是在含锂较高的卤水中，加入某种沉淀剂将锂从原料溶液中沉淀出来，然后选择某种试剂将锂浸出。目前沉淀法从盐湖卤水中提锂包括碳酸盐沉淀法、铝酸盐沉淀法、水合硫酸锂结晶沉淀法以及硼镁、硼锂共沉淀法等。该方法易于工业化，但对卤水要求苛刻，仅适用于低镁锂比卤水。

3.1.2　电解法

电解法是较为耗能的方法，因此需要对原始卤水处理后才能使用。一般方法为通过结晶沉淀等一系列处理过程后，将原始卤水转化为精制卤水，以精制卤水作为阳极液、氢氧化锂作为阴极液进行电解，通过阳离子膜在阴极室得到氢氧化锂—水合物溶液。该法产品纯度高、工艺简单易控，但该法影响因素较多，其产业化生产有待进一步研究。

3.1.3　溶剂萃取法

有机溶剂萃取法是利用不同的萃取剂对不同类盐的结合能力不同，而实现不同盐的分离与富集。通过筛选与优化，萃取法的萃取体系已经有了长足的进步，在实验线能够得到纯度较高的锂盐产品。该方法对从低品位卤水中提锂行之有效，常用的从卤水中萃取锂的体系主要有单一萃取体系和协同萃取体系两类。有机溶剂萃取法虽然具有原材料消耗少、效率高等优点，但该法存在萃取剂溶损率高和设备腐蚀性大等问题，导致生产成本居高不下，目前针对上述问题已经开发出改进的萃取体系。

3.1.4　离子交换吸附法

离子交换吸附法是利用对锂离子有选择性吸附的吸附剂来吸附锂离子，再将锂离子洗脱下来，达到锂离子与其他杂质离子分离的目的。离子交换吸附法主要适用于从含锂较低的卤水中提锂。锂离子吸附剂可分为无机离子吸附剂和有机离子吸附剂。离子吸附剂对锂有较高的选择性，但这些吸附剂价格昂贵，吸附量低，极易被污染。另外，该法对树脂等吸附剂的强度要求高。

3.1.5 煅烧浸取法

煅烧浸取法包括将提硼后卤水蒸发去水，得到四水氯化镁，高温煅烧，得到氯化镁，然后加水浸取锂，浸取液用石灰乳和纯碱除去钙、镁等杂质，将溶液浓缩后加入纯碱沉淀出碳酸锂。煅烧浸取法综合利用了镁锂等资源，原料消耗少，锂的收率在 90％左右。煅烧后的氯化镁渣，经过精制可得纯度为 98.5％的氯化镁副产品。但镁利用使流程复杂，设备腐蚀严重，同时需要蒸发的水量较大，动力消耗大。

3.1.6 电渗析法

电渗析法包括将含镁锂盐湖卤水或盐田日晒浓缩老卤通过一级或多级电渗析器，利用一价阳离子选择性离子交换膜和一价阴离子选择性离子交换膜进行循环（连续式、连续部分循环式或批量循环式）工艺浓缩锂，获得富锂低镁卤水，然后深度除杂、精制浓缩，便可制取碳酸锂或氯化锂。电渗析法虽然能有效地实现镁锂分离，但运行过程中会产生大量的氢气和氯气，不利于工艺的实施，同时需消耗大量的电能，提锂成本大大提高。

3.1.7 纳滤法

纳滤膜分离无机盐技术是一种新型的膜分离技术。纳滤膜是一种压力驱动膜，由于在膜上或膜中常带有荷电基团，通过静电相互作用，产生 Donnan 效应，对不同价态的离子具有不同的选择性，从而实现不同价态离子的分离。一般来说，纳滤膜对单价盐的截留率仅为 10％～80％，具有相当大的渗透性，而二价及多价盐的截留率均在 90％以上，实现了锂离子和镁离子的分离。纳滤膜具有膜技术共同的高效节能的特点。

3.1.8 太阳池法

该法主要应用于高镁锂比或碳酸盐型的盐湖资源，以我国西藏地区为例，该地区为碳酸锂型卤水，利用碳酸锂低温析出的特性，采用冷冻除硝—蒸发富集锂—利用太阳池升温析出碳酸锂的工艺，获得高品位矿物，虽然工艺简单，但是由于藏区生活条件恶劣，建立化学加工厂困难，只能在湖区获得高品位矿物后运出加工。

为更好地说明卤水中锂提取技术，我们将主要盐湖提锂技术进行汇总和比较，并形成于表 3—1 中世界锂资源盐湖提锂技术基本情况中。

表 3—1　世界锂资源盐湖提锂技术基本情况

提锂技术	主要技术原理	技术特点	应用情况
沉淀法	卤水 1→蒸发浓缩、酸化除硼→卤水 2→除钙镁→卤水 3→加碱沉淀、析出干燥→碳酸锂	工艺简单、技术成熟；能耗低；适用于中低镁锂比的卤水	美国银峰盐湖、智利阿塔卡玛盐湖、中国扎布耶盐湖
煅烧浸取法	卤水 1→蒸发浓缩→析出硫酸锂、水氯镁石→煅烧→硫酸锂、氧化镁→淡水浸取→固体氧化镁、硫酸锂溶液	综合利用镁锂资源；设备腐蚀较严重；能耗高；适用于高镁锂比值的卤水	中国西台吉乃尔盐湖、中国东台吉乃尔盐湖
溶剂萃取法	选用合适的萃取剂直接萃取；通过进一步除杂，焙烧得到氯化锂产品	设备腐蚀严重；适合高镁锂比卤水	中国大柴旦盐湖
离子交换（吸附）法	采用吸附剂从浓缩后的卤水中直接提锂，用酸洗提；将洗提液蒸发浓缩并直接电解	工艺简单，回收率高，吸附剂溶损严重；适用于高镁锂比卤水	中国察尔汗盐湖
电渗析工艺	盐田蒸发→浓缩卤水→电渗析器→循环锂浓缩→富锂低镁卤水→深度除杂、精制浓缩→转化干燥→碳酸锂产品	新型环保工艺；经济；适用于高镁锂比卤水	
太阳池法	太阳能储热→卤水升温至 40～60 ℃，满足碳酸锂高温结晶的条件→碳酸锂集中沉淀	工艺简单，成本低；适用于高锂、低镁锂比值的碳酸盐型卤水	中国扎布耶盐湖

　　盐湖提锂技术不是单一技术的应用，而是众多在盐湖提锂的实际应用中的再整合，往往是多种方法的联合使用的成套技术。如利用结晶法，将含量较高的盐浓缩脱除，获取高锂浓度卤水；进而利用沉淀法，除去高锂浓度卤水中含量较高的盐，并得到主要副产品；进而利用离子交换、纳滤或电渗析方法，得到锂盐产品；再根据产品质量和杂质类型对粗锂产品进行精制。显然未来高效的锂提取方案必然是大而全的杂货铺，在里面可以找到现在所有技术的影子，但是似乎又不同于现有技术。未来专利保护方向也将是目前专利技术的衍生，以及为了配套其他单元操作而有针对性的改进工作。

　　因为这样技术演进的方向，使得我们在专利技术分类的过程中遇到很大困难，对整体工艺分类尤为明显，由于整体上多单元都有会涉及锂富集过程，采用方法又要"因地制宜"，将整个方案人为地与某一方法割裂而独列地归于另一方法都显得那么武断。但是为了能够有针对性地比较分析，我们又不得不标出其"门派出身"，在此我们只得采取折中方案，首先定义核心步骤，再将核心步骤所采用的方法作为分类的依据。这一策略在部分专利中表现不俗，但是却不是尽善尽美的选择。

3.2 锂资源开采技术分类表

基于盐湖专利技术保护情况以及盐湖领域专家研讨结果，就盐湖产业锂资源开采技术建立技术分类表，如表3—2所示。本表对锂资源开采技术共进行四级技术分类。

表3—2 锂资源开采技术分类表

		锂资源开采								
一级分类		锂提取						其他		
二级分类	提锂来源				盐湖提锂方法		锂产物	其他产物	专利效果评价	富锂	锂盐转化	提锂设备及提锂试剂
三级分类	矿石	盐湖	海水	其余	电解法 / 煅烧法 / 电渗析法 / 纳滤法 / 萃取法 / 沉淀法	生物法 / 吸附法 / 相分离法 / 太阳池法 / 碳化法	碳酸锂 / 氧化锂 / 溴化锂 / 氢氧化锂	硫酸锂 / 金属锂 / 碳酸铁锂 / 含氟锂盐	镁盐 / 铵盐 / 其余 / 碳金属	富集 / 锂盐精制 / 除杂 / 浓缩(除水)	转化前物质 / 转化后物质	提锂设备 / 提锂试剂
四级分类	锂云母 / 伟晶石 / 锂辉石 / 钾长石 / 矿石 / 其余	碳酸盐型 / 硫酸盐型 / 氯化锂型 / 地下卤水 / 卤水 / 其余			氢氧化钠法 / 氨法 / 碳酸盐沉淀法 / 铝酸盐沉淀法 / 硼镁共沉淀法 / 硼锂共沉淀法 / 高温蒸汽法 / 其余							

首先将锂资源开采的一级技术分类划分为锂提取及其他辅助技术，其他辅助技术主要包括锂盐转化、富锂、提锂设备及提锂试剂等过程，其中锂盐转化、富锂主要指锂盐精制过程，提锂设备及提锂试剂主要关注提锂过程中特殊设备材料的选择。

在一级分类的基础上将锂提取又分为提锂来源、提锂方法、最终产品、其他物质等四个二级分类。

二级技术分类提锂来源中，考虑开采资源是矿石、盐湖还是海水；二级技术分类提锂方法中，除了传统的方法，还加入了生物法、电解法、纳滤法和相分离法等一些近年来新兴起的方法；锂产品的最终形式除了传统的碳酸锂、氯化锂、氢氧化锂外，还有锂金属、硫酸锂、溴化锂、磷酸铁锂等；传统的锂分离技术中，除了获得相应的锂盐，还可以获得镁盐、铵盐、硼酸、其他碱金属单质或化合物。在上述分类之外，我们对专利效果进行分类，主要从成本、能耗、耗时、分离率、产物纯度、环境影响、资源综合利用、循环使用、安全稳定等多个角度，对提锂工艺进行评价。

3.3 盐湖提锂工艺技术单元

在对提锂工艺进行整体分类的基础上，为了便于重点专利的比较分析，根据盐湖提锂技术特点，以及中间产品的不同，进一步将工艺过程细化为 8 个技术单元，详见图 3—1。

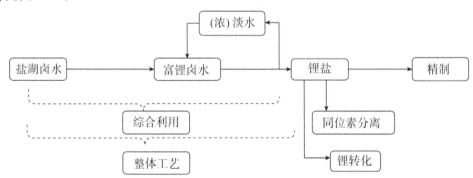

图 3—1 盐湖卤水提锂工艺

其中：工艺主线分为 3 个技术单元：

①盐湖富锂：以盐湖卤水作为原料，经过处理得到富锂卤水技术单元；

②富锂提锂：富锂卤水经富集得到锂盐技术单元；

③锂盐精制：锂盐经进一步精制得到电池级锂盐技术单元。

围绕工艺流程主线还包含配套 4 个技术单元：

④淡水回收：工艺过程中淡水的回收再利用技术单元；

⑤锂盐转化：锂盐根据产品需要进行锂盐转化技术单元；

⑥同位素分离：锂盐同位素分离技术单元；

⑦综合利用：围绕整体工艺特点设计的盐湖卤水资源综合利用技术单元。

另外，分析过程中发现专利中还包含整体工艺单元，即

⑧整体工艺：以盐湖卤水为原料经系列单元操作得到锂盐整体技术方案。

3.4　锂产业全球专利申请趋势

图 3—2 展示了全球锂产业的专利保护情况，该领域专利保护工作起始于 20 世纪 70 年代，1972 年开始就有锂产业相关的专利申请，并呈现出逐年上升的趋势，从 1978 年开始全球锂产业相关专利申请数量不断增加，1997 年阿塔卡玛盐湖的成功开发引起了行业对于碳酸锂的关注，相关专利数量逐步增加。2008 年开始，全球锂产业的相关专利迅猛增加，2014 年全球锂产业相关专利突破 20 000 件。这种爆发式增长主要归功于锂下游产业的快速发展，受消费电子产品影响，消费型锂离子电池正进入增长新常态，手机、iPad 等移动终端设备广泛应用使得锂移动储能材料的需求"井喷式"增长，从而使整个产业链条十分活跃。继消费电子产品之后，电动汽车的研发与市场化成为锂产业发展的新动力，各个国家都在推出自己的电动车发展规划，市场逐步火热，动力型锂离子电池逐步成为驱动锂离子电池产业的主要力量。这些变化都无形之中推高了锂产业专利数量和技术门槛。

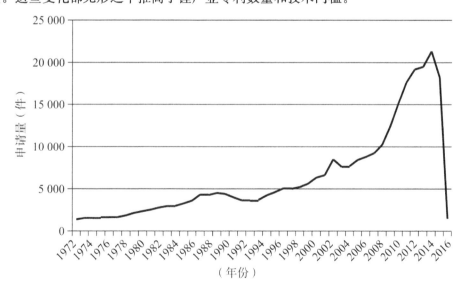

图 3—2　全球锂产业专利申请趋势图

全球锂产业涉及在盐湖卤水、矿石、海水中提锂，制备锂离子电池包括正极材料、负极材料、电解液等，应用于新能源汽车、电动自行车、电动工具、通信储能、电力储能、航天航空、轨道交通等领域。

从图3-3中可以看出,在锂产业中专利拥有量最多的是在正极材料、负极材料、电解液、锂电池、新能源汽车、电动工具、电力储能、航天航空方面,说明锂产业主要集中在中游的加工和下游产业链的应用方面。

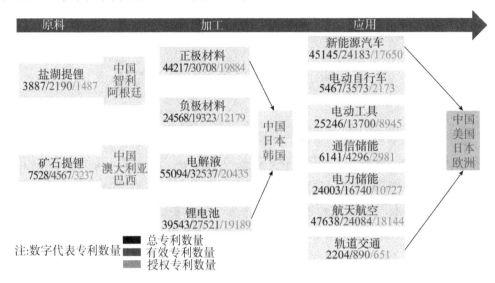

图3-3　全球锂产业链的专利数量和技术优势国家

3.5　盐湖锂提取产业全球专利申请趋势

3.5.1　全球和国内专利趋势分析

图3-4对比国内外申请量可以发现,国内的盐湖提锂技术起步较晚,但是两者的发展趋势基本同步,也都是经历了技术萌芽期、波动增长期。20世纪90年代后

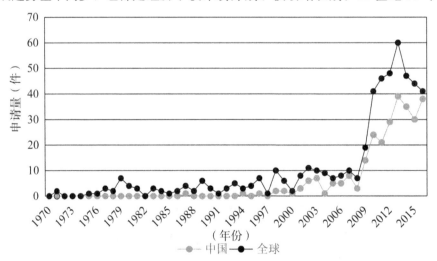

图3-4　盐湖提锂领域国内外专利申请量年度分布

期是盐湖提锂技术的波动增长期。这个时期盐湖卤水矿床相继投产，凭借着其耗能低、生产成本低、工艺简单等优势，来自盐湖卤水的锂产品逐渐取代了来自固体矿石的锂产品，并成为市场主流。1997 年智利阿塔卡玛盐湖卤水提锂成功后，其低廉的价格极大地冲击了中国的锂工业，从此时起国内盐湖提锂技术研究和产业化也加快了步伐，在 1998 年之后的几年中，呈现出高速增长的态势。2001 年国家发展计划委员会批复了"青海盐湖提锂及资源综合利用产业化示范工程项目"的可行性研究报告，2002 年青海省把该项目作为 33 项重点建设项目之一，青海盐湖提锂及资源综合利用项目开始实施，并于 2013 达到年申请量最高值 40 件。国外的专利申请量在 2013 年后呈现下降趋势，而中国处于上升的趋势，这是由于中国在盐湖提锂方面的研发投入增大。有趣的是 2000 年之后，在国家政策的引导下，中国提锂方面专利申请数量不断增加，而且占全球专利申请量的比例约来越高，甚至成为推动专利快速增长的中坚力量。

3.5.2　国外来华专利趋势分析

盐湖提锂技术国外来华申请共 53 件，占中国总申请量的 19.2%，其专利申请技术发展趋势如图 3-5 所示。

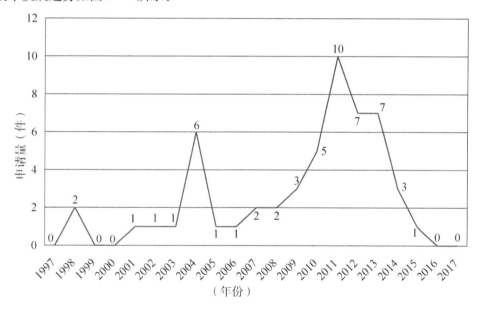

图 3-5　盐湖提锂技术国外来华专利申请技术发展趋势

从图 3-5 可以看出，国外来华申请在 2003 年之前较为稳定，年申请量未超过 2 件；2005 年以后申请量开始稳步上升，但年申请的绝对数量不多，均未超过 5 件，其中 2012 年的申请量较 2011 年略有下降。对国外来华申请进一步研究发现，1997 年至今，国外来华申请占中国专利申请的比例呈现逐年下降趋势，从 20% 下降到 2015 年的不足 3%，说明从 2008 年开始我国在盐湖提锂技术方面的投入不断加大，其他国家和地区在整体上尚未对我国的盐湖提锂领域形成技术围攻。

3.5.3 全球范围内区域专利布局分析

为了研究盐湖提锂全球发明专利申请的区域分布情况，我们对采集到的盐湖提锂专利的数据样本按优先权国家和地区进行了统计，以反映各个国家和地区在盐湖提锂领域的技术实力和研发的活跃程度。从图3—6可以看出，中国已经成为全球盐湖提锂领域最为活跃的国家，总申请量为276件，第二名为美国，专利申请量为101件。从总量上看，中国在盐湖提锂技术领域已经具备了相当强的研发实力和专利基础。排名三至五名的是世界知识产权局、韩国、日本，分别为64件、43件、37件。

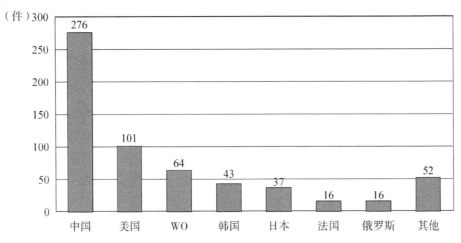

图3—6 全球锂提取国专利申请分析

从图3—7各国的专利量公开趋势分析可见，日本、美国是盐湖提锂全球专利申请的先驱。从1990年开始专利申请量就领先于其他国家或地区。直到2000年，美国都保持着全球专利申请量领先的地位。随后中国在盐湖提锂领域不断持续发展，专利申请量逐年提高，取代美国排名第一。而美国在该领域除在2013年至2016年期间有过较快的增长外，专利增长量一直较为稳定。

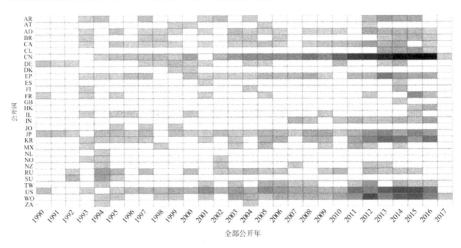

图3—7 各国的专利申请量公开趋势分析

根据中国、美国、日本、欧洲和韩国五大专利局相互之间的专利申请分布绘制了中、美、日、欧、韩的专利申请流向，如图3—8所示。

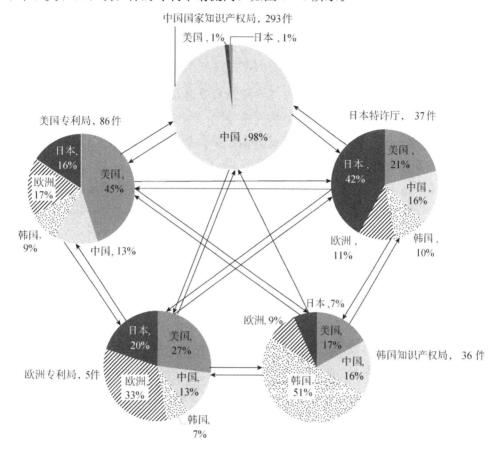

图3—8 盐湖提锂专利申请五局流向图

从图3—8可以看出，在整个盐湖提锂领域的专利申请中，向中国国家知识产权局提出的专利申请数量最多，超过了在其他四局提出的专利申请量的总和。在向中国国家知识产权局提出的申请中，本土的申请人占了绝大多数，达到了98％，往下依次是美国、日本、欧洲申请人。在除中国之外的四局的专利申请中，美国申请人都占据了较大的比例。并且，美国向其他四局的专利申请流出量均高于其流入量，美国相对于其他国家/地区处于专利顺差地位，美国成为盐湖提锂领域的主要专利输出国。日本相对于美国处于专利逆差，但是对中、韩、欧三个国家/地区处于专利顺差。可见美国和日本在全球专利申请相对完善。

通过以上分析可以发现，美国作为竞争最为激烈的世界市场，申请人对专利申请十分重视，在盐湖提锂领域申请大量重要专利，因此在美国申请专利保护的同时，也很注重在其他国家进行专利布局工作，同时向其他四局提出专利申请。而与之相反，中国申请人虽然在盐湖提锂领域的专利申请数量较大，但申请基本集中在国内，而没有在其他国家申请专利的动力。

3.5.4 海外盐湖提锂主要专利权人

2015 年 SQM 旗下"锂及其衍生物"销量 3.87 万吨，同比小幅下滑 2%，核心原因在于智利北部反常的降雨、洪灾等恶劣天气，后续扩大提锂配额的不确定性及部分技术问题。

2015 年 FMC 业绩出现下滑，与其自身技术改进及阿根廷经济环境有关系，但自 2015 年第 4 季度以来有所改善。在价格方面，2015 年 FMC 在亚太地区的碳酸锂、氢氧化锂售价连续提升；在新增量方面，受自身卤水、基础锂盐体量的弹性束缚，FMC 自身扩大碳酸锂产能的概率不大。

2016 年 Orocobre（ORE.ASX）旗下阿根廷 Olaroz 盐湖 2016 年 2 月生产碳酸锂 761 吨，一季度的目标生产 2 400 吨，2016 全年产量达到 9 000～10 000 吨（如表 3－3 所示）。

表 3－3　海外盐湖提锂的企业

产能归属	盐湖矿山	自产/外购	2016 年产能（吨）
SQM	智力 Atacama	自产	48 000
Albemarle	智力 Atacama；美国 Silver Peak	自产	33 000
FMC	阿根廷 Hombre Muerto	自产	32 000
Orocobre	阿根廷 Olaroz；Cauchari	自产	7 500
Li3Energy	阿根廷 Maricunga	自产	可行性研究阶段
Enirgi	阿根廷 Rincon	自产	可行性研究阶段
Comibol	玻利维亚 Uyuni	自产	中试阶段
美国锂业（已与西部锂业合并）	阿根廷 Cauchari-Olaroz	自产	中试阶段
银河资源	阿根廷 Salde Vida	自产	基建及各类审批阶段
Rodina	阿根廷 Diablilos	自产	可行性研究阶段
合计（吨）			120 500

3.6　盐湖锂提取产业全球重点技术主题专利分析

在盐湖提锂技术不同方法中，沉淀法、吸附法、萃取法、蒸发结晶法 4 个占比很高，表 3－4 中列举了四种方法在全球的专利申请量及其相互占比关系。

从表 3－4 可以看出，蒸发结晶法的相关专利最多，占到盐湖提锂领域专利申请量的 36.69%，沉淀法占比 17.21%，吸附法占比 24.23%，萃取法占比 21.95%。

表 3-4　盐湖提锂 4 个主要技术

	主要方法	申请量	占比
盐湖提锂	沉淀法	189	17.21%
	吸附法	266	24.23%
	萃取法	241	21.95%
	蒸发结晶法	405	36.69%

从图 3-9 可以看出，1997 年至 2009 年盐湖提锂领域的专利申请量比较平稳，其中蒸发结晶法和吸附法相关的专利申请量较高，相比较而言，萃取法和沉淀法领域的专利申请量较少。在 2009 年以后盐湖提锂领域整体专利申请量都有了大幅度的提高。

首次采用蒸发结晶法从盐湖卤水提锂的专利申请是在 1979 年，此后每年都有一定数量的相关申请，但每年专利申请量都较少。2009 年至 2013 年，申请量的快速增长，主要得益于锂电行业的快速发展，导致锂需求量增加，刺激了盐湖卤水提锂技术的发展。2013 年蒸发结晶法相关申请量接近 50 件，2013 年以后蒸发结晶法申请的专利数量开始回落，主要在于，随着分离技术的快速发展，盐湖水提锂的方法也越来越多样化，而蒸发结晶法虽然具有耗费化工原料少、工艺简单、操作容易等优点，但是其提取率有限，且提取效果受卤水的化学组成影响较大，因此，蒸发结晶法趋向于不再作为主要的盐湖提锂方法，而是转变为和其他方法结合，经常作为其他提锂的中间步骤进行结晶分离。

采用吸附法从盐湖卤水提锂首次进行专利申请是在 1970 年，随后每年都有有关吸附法的专利申请，而 2009 年之前，其申请量每年都在 10 件以下；2010 至 2011 年为快速增长阶段，2011 年申请量达到最高，接近 30 件。快速增长是因为需求量的增长：锂是一种新型能源和战略资源，近几年，锂市场不断升温和壮大，尤其是锂电行业中新型可再充电电池市场需求量激增，世界范围内对于锂的生产和供应也出现了新的格局，这也是促使盐湖提锂技术提升的最大外部动力，不仅加速了对盐湖卤水提锂技术的研究进程，并且作为盐湖卤水提锂的重要方法"吸附法"也得到了广泛的关注和研究。而随后其申请量有所回落。可能是由于吸附剂大多造粒困难，多次使用后其选择性和吸附能力下降，且合成吸附剂的成本较高，大规模的工业化生产技术还需要优化。

2009 年以后，由于分离技术的快速发展，萃取法在 2012 年的专利申请量接近 30 件，沉淀法在 2012 年达到 25 件。

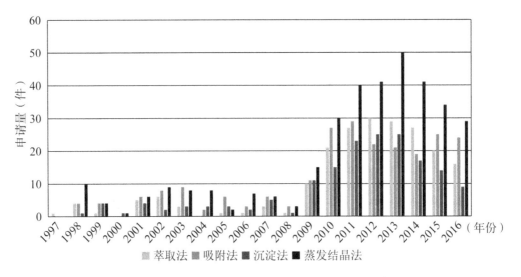

图 3—9　盐湖提锂各技术分支申请趋势和份额分布

3.6.1　蒸发结晶法的申请国（局）比较分析

图 3—10 采用蒸发结晶法进行盐湖卤水提锂的技术研究主要集中在中国、美国和世界知识产权局，其中中国和美国的申请量占据总申请量的 64%，说明中国和美国对于蒸发结晶法进行盐湖卤水提锂的研究投入较大，技术相对比较成熟。在各个申请国中，中国在该方向的专利申请量占申请总量的 50%，遥遥领先其他主要国家，这一方面是由于中国有着丰富的含锂盐湖资源：青海大柴旦盐湖、青海察尔汗盐湖、西藏扎布耶南湖、西藏扎布耶北湖；另一方面，则是由于全球在能源等领域对锂的大量需求以及我国政府在盐湖卤水提锂方面的扶持，从而促进了中国盐湖卤水提锂事业的飞速发展。美国的专利申请量占总量的 14%，这是由于美国同样拥有丰富的含锂盐水资源，如美国银峰（Silver Peak），同时美国也是最大的锂矿供应国，因此美国在蒸发结晶法进行盐湖卤水提锂方面的研究也投入较多。

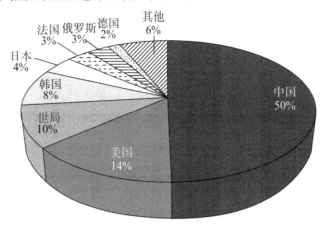

图 3—10　申请量与国家（局）的关系分布

3.6.2 蒸发结晶的重点专利分析

图 3－11 列出了蒸发结晶法提取锂的代表性专利。蒸发结晶法从盐湖卤水中提取锂起源于美国，专利 US4271131A 首次提出采用蒸发结晶法从盐湖卤水中提取 LiCl，其通过日晒的方法蒸发浓缩盐湖卤水，沉淀出钠盐和钾盐，并通过加入消石灰和 $CaCl_2$，以沉淀的形式逐步除去盐湖卤水中的 Mg、Ca、B 等元素。1970—2000年，涉及蒸发结晶法从盐湖卤水中提取锂的专利申请均为国外申请，代表性的专利为 US4723962A、US6547836B1 等；国内引入盐湖卤水提锂技术是在 2000 年以后，因此国内关于蒸发结晶法从盐湖卤水提锂的专利自 2000 年之后才开始出现，此时，借助于国外提锂技术的改进和发展，国内涉及蒸发结晶法提锂的技术已经不再是单纯的采用蒸发结晶技术，而是和沉淀法、碳化法、电渗析法等其他提纯方法结合，进一步提高提锂效果和降低成本，代表性的专利有 CN1618997A、CN1558871A、CN101712481A、CN101875497A、CN101928023A 等。专利 CN101712481A 从盐湖卤水中制取高纯碳酸锂，通过蒸发结晶分离出钾和钠离子，后酸化分离硼离子、加氨水沉淀分离出氢氧化镁、加入过量的碳酸氢铵分离出碳酸钙，最后加盐酸得到氯化锂溶液后通二氧化碳得到碳酸锂。专利 CN101875497A 将高镁锂比含锂盐湖老卤进行摊晒、浓缩、结晶，与上批固体混合矿洗涤液混合，所得混合液继续加热蒸发浓缩，得浓缩饱和低镁锂比母液和含锂固体混合矿，饱和低镁锂比母液进行除镁沉锂，制碳酸锂。也出现了将含有不同酸根盐型的卤水进行混合、沉淀，继而通过蒸发浓缩的方法实现固液分离，如专利 CN102491378A。

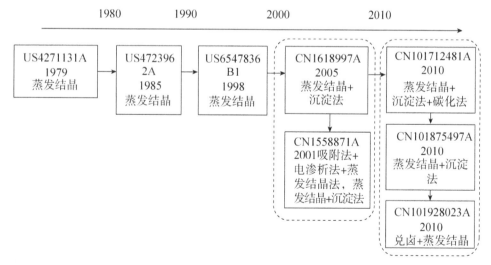

图 3－11　蒸发结晶法重点专利技术发展路线图

3.6.3 吸附法的申请国（局）比较分析

对于吸附法盐湖卤水提锂研究主要集中在中国、美国、日本、韩国。这表明盐湖提锂行业技术相对集中，其核心技术主要由上述国所控制。其中，尤其以中国和美国的研究最多，两国的申请量占到吸附法申请总量的50%以上（图3—12）。

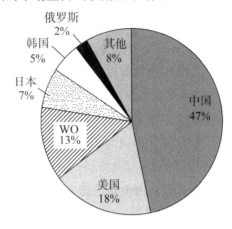

图3—12 吸附法申请量与国家（局）的分布关系

中国有着丰富的含锂盐湖资源，并且以高镁锂比的盐湖卤水为主，因此吸附法提锂是一种较为适合的选择。另外，由于全球锂需求量的刺激以及国内相关政策的扶持，中国科研单位和企业投入大量人力物力对于吸附法盐湖卤水提锂技术进行研究，如中科院青海盐湖研究所、华东理工大学等，都有着系统深入的研究。

日本是世界领先的电子产品研发国家，对于性能优异的锂电池有较大需求，这也促成了该国在吸附法提锂领域有着深入的研究，并且取得了较大的成果。

3.6.4 吸附法重点专利分析

吸附法是利用吸附剂从盐湖卤水中提取锂的方法，该方法具有耗费化工原料少、工艺简单、操作容易、无污染的优点。图3—13列出了吸附法提取锂的代表性专利。采用吸附法从盐湖卤水中提取锂的技术，国外发展比较早，从1970年到2000年期间，涉及吸附法从盐湖卤水中提取锂的专利申请主要为国外申请，代表性的专利为DE2058910A、JPH01313323A、US5389349A、WO9419280A1等；而国内主要是在2000年以后才发展起来，2000年以后涉及吸附法从盐湖卤水中提取锂的专利申请主要为国内申请，代表性的专利有CN1558871A、CN1511963A、CN101928828A、CN103738984A。吸附法在发展过程中主要涉及吸附剂种类的改变以及采用吸附法与其他提纯方法相结合。主要的吸附剂有二氧化锰离子筛、铝盐型吸附树脂等；结合的主要方法有碳化法、电渗析法、蒸发结晶法、过滤法。如1970年专利申请DE2058910A首次提出了采用二氧化锰离子筛从盐湖卤水中选择性吸附碱金属离子，离子筛上的 H^+ 被 Li^+、Na^+、K^+ 或 Rb^+ 从盐湖卤水中交换出来，1988年JPH01313323A的申请中提出了采用吸附法和碳化法相结合来提取锂，首先利用吸附剂将锂吸附出来，然后通入二氧化碳进行碳化形成碳酸锂。而 1993 年 US5389349A 提出了一种新的吸附剂——铝盐型吸附柱，其具体是采用多晶 $Al(OH)_3$ 夹层有 Li_x 形成具有尺寸不小于 140 美国标准的分子筛吸附柱来实现对盐湖卤水中氯化锂的回收，其中 Li_x 为卤化锂、碳酸氢锂、硫酸锂。在 WO9419280A1 公开的技术方案中，在使用铝盐型吸附树脂的基础上，将洗脱液在阴离子和阳离子交换树脂存在下进行电渗析，进行多次循环来进一步提高 LiCl 的纯度。2000 年以后，国内开始了对盐湖卤水提锂的大量研究，主要涉及采用吸附法与蒸发结晶法、电渗析法、纳滤法相结合对锂盐的进一步提纯。专利 CN1558871A 于 2001 年提出了借助于解吸溶液和在循环运行中获得的氯化锂溶液，在吸着一解吸集合体中获得富集氯化锂溶液，离子交换净化富集 Ca 杂质和 Mg 杂质溶液，按照电渗析方法浓缩净化洗提液，同时获得氯化锂的脱盐溶液用于从吸着剂解吸锂，以及洗涤和干燥通过蒸发冷却得到 LiCl 晶体。2002 年国内申请 CN1511963A 对二氧化锰离子分子筛进一步改进形成二氧化锰—聚丙烯酰胺颗粒状吸附剂，该吸附剂用于盐湖卤水中锂的吸附效果更好。专利 CN101928828A 于 2010 年提出了采用插入式 $LiCl \cdot 2Al(OH)_3 \cdot nH_2O$ 化合物的铝盐型吸附树脂进行盐湖卤水中锂离子的吸附，并采用普通钠型阳离子交换树脂去除解吸液中的镁。CN103738984A 于 2013 年提出了铝盐吸附剂对锂离子进行吸附，并结合纳滤膜进一步提纯。

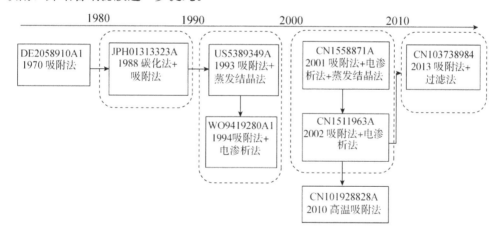

图 3—13　吸附法重点专利技术发展路线图

3.7　锂产业主要专利权人分析

全球三大厂商 SQM、Chemetall、FMC 共占领了市场 69% 的份额，呈现出三足鼎立的局面。行业集中度高，主要厂商对下游企业的议价能力很强，几乎拥有定价权，可按照市场需求情况和自身需要调节价格。国际锂产品市场 SQM 产品以基础锂产品为主，处于行业领先地位；FMC 和 Chemetall 则在附加值高的深加工锂产品市场称雄。

　　FMC（美国富美实）始创于 1883 年，是一家全球性的跨国化学品公司。FMC 公司共申请专利 9 042 件，其中授权的专利有 336 件，过期的专利共有 7 000 件。截至 2017 年 7 月，共有锂产业相关专利 64 件。FMC 公司的锂相关专利技术主要集中在电极材料、金属锂粉、储能电池、锂盐等锂下游产业链，只有一小部分集中在提锂技术。FMC 主要在美国、加拿大、欧洲、日本和中国进行专利布局（图 3—14）。

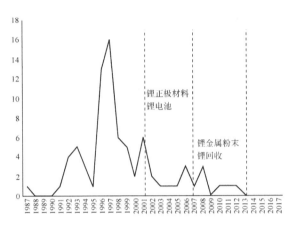

图 3—14　FMC 公司专利申请情况

　　德商 Chemetall GmbH 集团是生产锂合成化合物的世界级厂商，已被巴斯夫收购。Chemetall GmbH 总共有 337 件专利，失效专利 100 件，有效授权专利 196 件锂产业相关专利 53 件（图 3—15）。

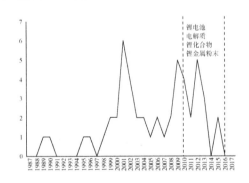

图 3—15　Chemetall GmbH 公司专利申请情况

　　Chemetall GmbH 公司的专利主要集中在锂原电池、可充电电池和锂离子电池的金属氧化物阳极、锂金属阴极、电解质盐类和添加物等方面。该公司主要在美国、加拿大、德国、日本和中国进行专利布局。

　　FMC 公司的核心研发团队人员分布（图 3—16）主要集中在各种锂化合物、锂金属、正极材料和锂提取四个方面。其中各种锂化合物❶和锂金属❷方面的发明人最多，分别为 86 人和 72 人。Chemetall GmbH 核心研发团队的发明人分布主要集中在各种锂化合物、锂电池、锂金属、电解质❸、锂提取、锂回收❹六个方面，其中发明人主要集中在各种锂化合物方面。

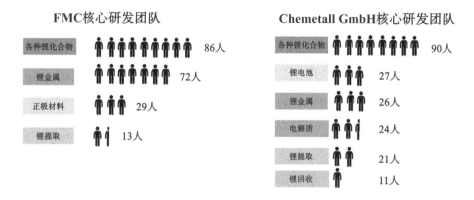

图 3—16 FMC 和 Chemetall GmbH 的核心研发团队

根据对 Chemetall GmbH 重要发明人分析（图 3—17）得，以 2006 年作为时间节点，2006 年之前和 2006 年之后重点发明人都是 U. 韦特尔曼。U. 韦特尔曼在 2006 年之前的专利是 13 件，2006 年之后专利申请量为 18 件，基本形成了以 U. 韦特尔曼为核心的研发团队。

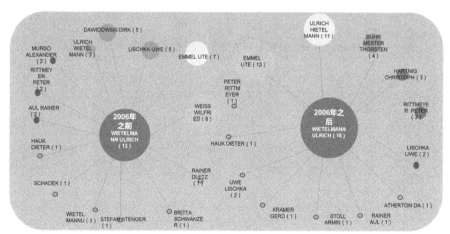

图 3—17 Chemetall GmbH 重要发明人

在产品和专利细分层面上可以发现，Chemetall GmbH 核心研发团队在锂电池、锂金属、电解质部分主要的发明人是 U. 韦特尔曼、U. 埃梅儿，且在 2000 年以后

---

❶ 各种锂化合物包括：芳基锂、烷基锂、碘化锂、硼酸锂、硫化锂、氢氧化锂等。
❷ 锂金属：金属锂粉的制备、锂金属粉末的应用。
❸ 电解质：各种导电锂盐。
❹ 锂回收：锂离子和各种有价金属离子的回收。

的专利居多。各种锂化合物和锂提取部分的专利从 1980 年就开始有相关专利的申请，两个部分的主要发明人分别为 U. 韦特尔曼、D. 达维多夫斯基和丹·阿瑟顿、丹尼尔·阿尔弗雷德·渤瑞塔。锂回收部分的专利申请量最少，主要发明人为 M. A. 施耐德（图 3—18）。

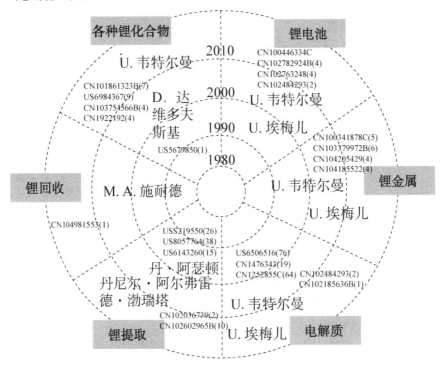

图 3—18　Chemetall GmbH 核心研发团队不同产品的重要申请人和重要专利

第四章
中国盐湖锂资源产业开发现状

4.1 中国盐湖锂资源分布及储量

我国锂矿资源占世界锂资源总储量的 15%，约 540 万吨。我国锂资源主要蕴藏在盐湖卤水及伟晶岩矿石中。其中，盐湖卤水锂资源约占全国锂资源总储量的 85%。我国的盐湖锂资源主要分布在青海和西藏两地，两地盐湖锂资源储量占全国锂资源总储量的 80% 左右。

青海的锂资源主要赋存于硫酸盐型盐湖中，集中分布在柴达木盆地的察尔汗盐湖，目前正在开发的是东台吉乃尔湖和西台吉乃尔湖，储量约为 9 万吨和 48 万吨。

西藏拥有丰富的碳酸盐型盐湖，分布相对集中于西藏北部仲巴县的扎布耶盐湖，该盐湖为世界罕见的钾、锂、铯、硼等综合性盐湖矿床，其中硼、锂两种资源均达到超大型规模，是全球第三大百万吨级盐湖，锂的资源含量达 153 万吨，含锂量仅次于智利的阿塔卡马盐湖和玻利维亚的乌尤尼盐湖，同时也是全球镁锂比最低的优质含锂盐湖。

花岗伟晶盐锂矿床主要分布在湖南、湖北、四川、新疆、江西、河南、福建，其中江西宜春锂云母基础储量达 63.7 万吨，四川省康定甲基卡伟晶岩型锂辉石矿床是世界第二大、亚洲第一大锂辉矿，氧化锂的含量为 1.28%，储量为 118 万吨。

4.2 中国盐湖锂资源的开发利用[9]

4.2.1 西藏扎布耶盐湖锂资源的开发

近年来,中国盐湖锂资源的开发取得了长足进展。目前至少运行 4 条由盐湖卤水提取锂盐的生产线,其中,有 3 条生产线能够产出纯度达 99.5% 以上的碳酸锂产品。中国从盐湖卤水生产锂盐是由西藏扎布耶盐湖的开发和利用带动的。

扎布耶盐湖位于青藏高原腹地,海拔 4 420 米,其卤水属于碳酸盐型。卤水的 $w(Li^+)$ 高至 $1.0\sim1.2$ g/L,接近碳酸锂饱和,且储量达特大型,得天独厚,独一无二。其卤水的 Mg/Li 值低,虽然对提取锂有利,但在卤水天然蒸发过程中易呈碳酸锂形式分散析出,难以集中形成较高品位的含锂混盐。中国工程院郑绵平院士带领其团队,曾先后尝试了沉淀法、碳化法、TiO_2 吸附法等多条提锂工艺路线,并确定了"冬储卤—冷冻日晒—温棚结晶—淡水擦洗"的工艺路线,后经优化为"冬储卤—冷冻日晒—太阳池结晶—碳酸锂精矿"的工艺路线,最终可直接获得品位达 81.93% 的碳酸锂精矿,然后运送至加工厂精炼成 99% 以上的碳酸锂产品,其生产成本与世界先进的低成本相当。

4.2.2 柴达木盆地硫酸盐型盐湖锂资源的开发

在青海柴达木盆地,中信国安公司在西台吉乃尔盐湖,青海锂业公司在东台吉乃尔盐湖,青海盐湖集团在察尔汗盐湖,一共建有 3 条碳酸锂生产线,分别采用煅烧法、离子膜法和吸附法生产工艺。前二者的产品质量已达 99.5% 以上,后者未见具体数据。东、西台吉乃尔盐湖都是硫酸镁亚型卤水,其卤水的 Mg/Li 值都很高,分别约为 40 和 65,是智利的阿塔卡玛盐湖卤水(Mg/Li 值为 6.4)的 $7\sim10$ 倍。

西台吉乃尔盐湖是一个富锂伴生硼、钾资源的超大型卤水矿床,氯化锂储量达 300 万吨以上。目前,青海中信国安科技发展有限公司正在进行该盐湖的综合利用开发,生产碳酸锂产品。该公司是集资源开发与技术研究于一体的高科技盐湖化工企业,于 2003 年在格尔木昆仑经济开发区注册成立,注册资金 12 亿元人民币。该盐湖是柴达木盆地内最具代表性的硫酸镁亚型盐湖之一,其卤水的 Mg/Li 值高达 65。目前,中信国安公司对西台吉乃尔盐湖综合利用的产品有氯化钾、硼酸、碳酸锂、氧化镁。

青海锂业公司对东台吉乃尔盐湖卤水采用离子膜电渗析工艺,从 2010 年起生产碳酸锂。盐田日晒析出石盐、钾混盐后的富锂卤水经过多级电渗析器,使 Mg/Li 值由原料的 $(1\sim300):1$ 降至 $(0.3\sim10):1$,锂进一步富集后的浓度可达

2～20 g/L，锂的回收率≥80%；再经过除杂、浓缩、沉淀后，获得了碳酸锂。产品的纯度可达99.6%，超过了电池级纯度99.5%的要求。目前，该公司正在研发纯度更高（99.9%）的碳酸锂。

青海盐湖集团使用制造钾肥后的母液来生产碳酸锂，采用的是国外的吸附法工艺技术，尚未见具体工艺流程和指标的介绍。

4.2.3 中国主要锂资源盐湖开发情况

（1）东台吉乃尔盐湖

东台吉乃尔盐湖位于青海柴达木盆地的西北部，海拔2 700米，气候干燥、降水量小（30.24毫米/年）、蒸发量大（2 649.6毫米/年）、风速高、风期长、平均气压低。该盐湖属于硫酸镁亚型盐湖，卤水中锂、硼离子的含量较高，但卤水中镁的含量较高，提锂技术相对较复杂。

中国科学院青海盐湖研究所的盐湖工作者已进行了多年的探索和攻关，在卤水提锂技术方面取得了突破性的进展，继2000年"东台吉乃尔盐湖锂矿年产50吨碳酸锂试验"后，2001年又完成了100吨碳酸锂工业性试验，使中国典型的高镁锂比盐湖卤水提锂技术难题获得突破，其提锂工艺流程简单、合理，经专家论证，中国卤水提锂技术经济指标属于世界先进水平。

青海锂业有限公司目前在东台吉乃尔承担建设青海盐湖提锂及资源综合利用产业化示范工程的项目。2007年10月，西部矿业集团公司设计产能达3 000吨的碳酸锂项目开始投料生产。经过一年的运转获得纯度≥99.5%的碳酸锂产品，并实现连续稳定生产，于2009年年底通过国家验收。在此基础上，对国产设备进行了改进和优化，2012年，将该生产线扩产到10 000吨/年碳酸锂，2013年达标达产，获得了纯度≥99.6%盐湖电池级碳酸锂产品，产品直接成本≤13 000元/吨，可直接参与国际竞争。2014—2016年，该生产线共生产电池级碳酸锂15 640.30吨，新增销售额116 587.76万元，新增利润51 992.03万元，取得了可观的经济、社会效益。

青海中信国安科技发展有限公司在盐湖钾、锂、硼综合资源开发过程中，根据盐湖特点，采用了具有自主知识产权的硼、镁共沉淀反复循环工艺，并于2004年开始建设年产500吨碳酸锂的实验装置，2005年进入试生产阶段，2006年由青海科技厅组织了成果鉴定，鉴定结论为成果整体技术达到国际先进水平。青海中信国安科技发展有限公司在东台吉乃尔盐湖和西台吉乃尔盐湖的各1万吨/年的碳酸锂装置经过两年的技术改造，已于2010年达产，但由于装置生产过程中需要天然气作为煅烧能源，而近几年能源的涨价导致成本比设计阶段大幅度增加。

中国科学院青海盐湖研究所在东台吉乃尔盐湖基地的科研工作中开发出高镁卤水中镁锂高效分离技术，利用此工程技术生产碳酸锂获得产品纯度在99.5%以上的电池级碳酸锂。此外，中国科学院青海盐湖研究所还针对青海东台吉乃尔盐湖锂矿的化学组分和当地气候特点，系统地研究了卤水中钠盐、钾盐、锂盐、硼酸盐的浓缩分离技术，有效地利用了盐湖卤水中的有益组分，实现了资源的可持续发展。一期 12 万平方米盐田的成功修建和盐田两年多的连续运转，为二期 4 平方千米盐田施工设计提供了许多可以借鉴的宝贵经验。2010 年，项目在东台吉乃尔盐湖区域进行二期扩建，建成 2 万吨碳酸锂的生产规模。二期扩建是青海盐湖提锂及资源综合利用高新技术产业化示范工程项目中重点工程之一，也为项目的顺利实施成功地迈出了第一步。

（2）西台吉乃尔盐湖

西台吉乃尔盐湖位于柴达木盆地中部，面积 570 平方千米，液体资源储量为氯化锂 308 万吨、氯化钾 2 656 万吨、氧化硼 163 万吨、氯化镁 18 597 万吨。按设计产能计算，以上资源至少可供公司开采 25 年以上，潜在经济价值 1 700 亿元。

青海中信国安科技发展有限公司持有西台吉乃尔盐湖的开采权，盐湖丰富的矿产资源为其长期快速发展提供了有力保障。采用了具有自主知识产权的"煅烧法"来分离锂。

项目于 2006 年开工建设，2007 年其碳酸锂车间建成投产，生产出合格的碳酸锂产品。2011 年，硼酸车间建成投产，生产出优级品的硼酸产品。目前，具有电池级碳酸锂 1 万吨/年、精硼酸 1 万吨/年、粗氧化镁 2 万吨/年以及年产 30 万吨硫酸钾的综合加工生产能力。

主要工艺为：以提钾、提硼后含锂和氯化镁的饱和卤水为原料，采用喷雾干燥、煅烧、加水浸取、洗涤、沉淀的工艺流程，从高镁锂比的盐湖卤水中分离镁锂，获得了优质的碳酸锂、高纯氧化镁及副产品工业盐酸。该工艺的优点是能够分离高镁锂比的卤水成分，并且一套工艺同时可分离出锂、镁、硼产品，同时煅烧中产生大量氧化镁渣。由于镁渣中含有硼，镁硼分离非常困难，煅烧产生的镁资源利用还需要研究。

（3）察尔汗盐湖

察尔汗盐湖总面积为 5 856 平方千米，是中国最大的可溶性钾镁盐矿床。湖中蕴藏着极为丰富的钾、钠、镁、硼、锂、溴等自然资源，总储量为 600 多亿吨，其中仅氯化钾表内储量为 5.4 亿吨，占全国已探明储量的 97%；氯化镁储量为 16.5 亿吨，氯化锂储量 800 万吨。

青海察尔汗盐湖每年提钾后排放的老卤中锂盐储量约为 30 万吨，但含量低，分布较分散，为综合利用卤水资源，青海盐湖工业集团股份有限公司与核工业北京冶金化工研究院合作，投资 5.33 亿元人民币建设年产 1 万吨碳酸锂项目，组建了青海盐湖蓝科锂业股份有限公司。公司采用了吸附法卤水提锂技术，以察尔汗盐湖卤水提钾后的老卤为原料生产工业碳酸锂，其工艺包括树脂吸附、洗脱、提取液浓缩、碳酸锂的制备等过程。该技术工艺创新性高且环保、经济，锂回收率达到 70% 以上，产品纯度达到 99%，但由于卤水处理量大，且生产过程中需要大量淡水洗脱，导致生产过程中水耗、树脂消耗和动力消耗大。由于青海察尔汗盐湖淡水量少，且昼夜温差大的特点，自主开发的树脂对温度大幅度变化的适应性不够，树脂易破碎，2010 年，该公司与佛山照明合作采用俄罗斯树脂技术，达产后其生产成本与 SQM 公司基本接近。

（4）大柴旦盐湖

中国科学院青海盐湖研究所于 1979 年发明了 50%～70% 的 TBP 和 30%～50% 的 200 号磺化煤油萃取体系，将卤水用自然能或燃料蒸发浓缩分离析出石盐、钾盐和部分硫酸盐，除硼后加入 $FeCl_3$ 溶液，形成 $LiFeCl_4$，用所发明的 TBP 煤油萃取体系将 $LiFeCl_4$ 萃取入有机相成为 $LiFeCl_4 \sharp 2TBP$ 的萃合物，经酸洗涤后用 6～9 mol/L 盐酸反萃取，再经除杂、焙烧等最后可得无水氯化锂。锂的萃取率可达 99.1%，铁和有机相一起处理可恢复萃取能力继续循环使用。"七五"期间，曾投资 900 多万元人民币，在大柴旦盐湖建设了 50 吨/年氯化锂中试车间，中试锂的总回收率达 96% 以上，但产量规模仅为设计能力的 2/3。中国科学院青海盐湖研究所针对相关技术申请了国家专利，该方法从高镁锂比卤水中提锂最为有效，是具有工业应用前景的盐湖高镁锂比卤水提锂方法之一，但该方法尚存在设备腐蚀和萃取剂的溶损等问题，应当进一步进行工艺优化，萃取关键设备选型以及萃取剂和盐酸的循环利用研究，以期尽早实现工业化。

（5）一里坪盐湖

一里坪盐湖属于硫酸镁亚型，富含钾、锂、硼盐，由于其位于盐渍平原上，极度干旱无水，无植被，无居民点，生产和生活物资需要由较远的外地供应，导致该湖资源长期未能开发利用。从 1958 年起，盐湖科技人员就开始对其进行开发试验，直至 2010 年青海省政府与中国五矿集团公司合作，签署了"关于一里坪盐湖资源综合开发合作协议"，以五矿集团为主体，成立了五矿盐湖有限公司，前期项目投资 33.8 亿元，主要建设工程为：年产 3 万～5 万吨碳酸锂、1 万吨硼酸、50 万吨氯化钾及其配套设施。其作为青海省重点项目，于 2012 年 10 月 19 日举行开工典礼。项目建成后可实现年利税 5 亿元，可提供 1 000 个就业岗位，具有显著的经济效益和社会效益。该项目进展顺利，2014 年 4 月完成了盐田一期工程，修建防洪坝 6.6 千米，输卤渠长 22 千米，盐田面积 36 平方千米，灌入盐田卤水 2 000 万立方米，采矿泵船安装完成。锂盐的生产技术研究工作有序进行，引进德国先进的"高效多级浓缩锂镁分离技术"对盐湖资源进行综合开发。同时，联合中蓝连海设计研究院开展"一里坪盐湖卤水蒸发技改性试验"，联合青海盐湖研究所开展卤水锂、硼、镁综合利用技术研究，已取得阶段性成果。

4.3 中国盐湖提锂工艺总结

在盐湖卤水提锂工艺中，通常首先需将原始卤水中的锂进一步蒸发浓缩，然后再采用适当的分离技术对浓缩卤水中的锂进行分离、提取，最终制备碳酸锂。从浓缩卤水中分离锂的工艺主要有太阳池升温沉锂法、沉淀法、煅烧法、吸附法和溶剂萃取法等。从实际应用情况看，太阳池升温沉锂法主要适用于高锂、低镁锂比值的碳酸盐型卤水；沉淀法较为适用于中低镁锂比值的卤水；煅烧法较为适用于高镁锂比值的卤水；而吸附法具有应用于锂浓度较低且镁锂比值较高的卤水的潜力。此外，由于有机溶剂易造成环境污染、萃取工艺条件较为苛刻以及耗能较高等因素，溶剂萃取法在盐湖卤水锂矿碳酸锂生产中未获广泛应用。

4.3.1 中国各盐湖镁锂比

青海是我国最早进行盐湖锂资源开发的地区之一，最早的盐湖提锂相关专利可以追溯到 20 世纪 80 年代。但之后一段时期，中国盐湖提锂技术发展相对缓慢。最近 10 年青海省加大盐湖资源开发力度，锂提取技术发展迅速，盐湖提锂方法不断发展与创新，正逐步缩小与国外盐湖提锂技术的差距。青海盐湖镁锂比及提锂主要情况见表 4—1。

表 4—1 青海锂资源盐湖镁锂比及提锂情况

盐湖	w (Li)	w (Mg)	Mg/Li	提锂方法	主要公司
东台吉乃尔盐湖	0.085	2.99	1 837	膜分离法	青海锂业有限公司
西台吉乃尔盐湖	0.022	1.99	114	煅烧浸取法	青海中信国安科技发展有限公司
察尔汗盐湖	0.003	4.89	40.32	吸附法	青海盐湖佛照蓝科锂业股份有限公司
大柴旦盐湖	0.016	2.14	65.57	TBP 溶剂萃取法	中国科学院青海盐湖研究所
一里坪盐湖	0.021	1.28	92.3	多级锂离子浓缩	青海政府及中国五矿集团

4.3.2 低镁锂比盐湖卤水锂资源的开发

我国西藏扎布耶盐湖为低镁锂比卤水锂矿开发的典型，其卤水为 Na^+、K^+、Cl^-、CO_3^{2-}、SO_4^{2-}、H_2O 体系，卤水镁锂比值低（Mg/Li<0.1）。可通过蒸发直接析出碳酸锂，其主要开发工艺为太阳池升温沉锂法。目前国内外进行生产开发的碳酸盐型卤水锂矿，只有我国西藏扎布耶盐湖。

扎布耶盐湖由西藏日喀则扎布耶锂业高科技有限公司开发，其提锂工艺为郑绵平等发明的"冷冻除碱硝—梯度太阳池升温沉锂"工艺。盐湖卤水在冬季低温蒸发过程中，从卤水中除去大量芒硝和泡碱，以使卤水中的锂得到快速富集。卤水经盐田晒卤蒸发到含锂 1.5 g/L 以上，灌入太阳池，在卤水上铺淡水，依靠太阳光辐照升温，过渡层、淡水层和池壁保温，形成太阳池效应，使得池温升高 30～50 ℃。由于碳酸锂在卤水中的溶解度随温度升高而降低，从而使较多的碳酸锂结晶析出，而由卤水中生产出碳酸锂精矿，然后经进一步化学加工，获得工业级碳酸锂产品。该工艺充分利用了湖区的自然条件，依靠高原太阳能和冷能的资源优势，在提锂过程中不添加任何化学原料。

西藏日喀则扎布耶锂业高科技有限公司在其矿区已形成年产 7 200 吨含 75％碳酸锂精矿的生产能力，其在白银的锂精炼厂也具有 5 000 吨/年工业级碳酸锂的生产能力。2005 年西藏日喀则扎布耶锂业高科技有限公司产品投放市场，其提锂成本接近世界提取成本最低的阿塔卡玛盐湖。扎布耶盐湖卤水提锂生产线的建成，标志着中国盐湖提锂实现了工业化，从此我国由锂资源大国向锂生产大国开始转变，具有里程碑意义。

4.3.3　高镁锂比硫酸盐型盐湖卤水锂资源的开发

我国青海的西台吉乃尔盐湖为高镁锂比盐湖卤水锂矿开发的代表，该盐湖卤水镁锂比较高（Mg/Li＝10～100），为 Na^+、K^+、Mg^{2+}、Cl^-、SO_4^{2-}、H_2O、海水型体系。由于此类卤水在钠、钾等盐类析出后的卤水蒸发后期，卤水体系转变为 Li^+、Mg^{2+}、Cl^-、SO_4^{2-}、$B_4O_7^{2-}$、H_2O 体系，导致卤水中的 Li^+ 常在浓缩过程中与其他盐类一起分散析出，而且浓缩后卤水的镁含量很高，所以此类卤水提锂较为困难、技术相对复杂。目前，对高镁锂比硫酸盐型盐湖卤水提锂的主要方法为煅烧法。

西台吉乃尔盐湖目前由中信国安科技发展有限公司（CITIC）进行开发，采用煅烧法从该盐湖卤水中提取碳酸锂。中信国安在西台吉乃尔直接将析盐除硼后的富锂卤水蒸干，形成水氯镁石及锂混盐固相，然后再行煅烧。其工艺流程如下：

①将卤水抽至石盐池，自然蒸发晒制使石盐析出，至软钾镁矾饱和；

②将第一步产生的卤水转入钾镁盐池，析出钾镁混盐，卤水酸化提硼；

③将第二步产生的卤水倒入镁盐池，蒸发至硫酸锂接近饱和，母液喷淋干燥，使锂、镁分别以硫酸锂和水氯镁石盐矿物与少量其他盐混合结晶析出；

④将上一步产生的混盐在 550 ℃以上煅烧，使水氯镁石脱水形成 MgO；

⑤冷却至常温，用淡水浸取过滤得到锂溶液，用石灰乳二次除镁；

⑥母液浓缩后用碳酸钠沉淀锂，分离得到工业级碳酸锂产品。

中信国安的碳酸锂产品目前在西台吉乃尔生产。2007 年，中信国安西台吉乃尔 5 000 吨碳酸锂车间建成投产，2010 年产量已超过 5 000 吨。

第五章
中国盐湖锂资源产业专利分析

5.1　锂资源开采技术专利分析

5.1.1　锂资源开采技术专利年度申请量

　　1986 年至 2016 年，锂资源开采技术专利申请量为 512 件。图 5－1 中给出了锂资源开采技术专利年度申请量变化趋势。该领域相关专利在华申请始于 1986 年。1986 年申请的两件专利均为"提纯锂的工艺过程和设备"，都由法国特种金属有限公司申请。1987 年中国科学院青海盐湖研究所申请了 2 件相关专利，专利技术为"萃取法从含锂卤水中提取无水氯化锂的方法"，这是我们检索到的最早的中国专利权人申请的卤水提锂专利。同时也使得中国科学院青海盐湖研究所成为国内最早涉及该领域的研究机构。

　　从整体趋势来看，2000 年之前涉及该领域的专利申请数量较少，共申请 30 件专利。其中盐湖卤水提锂专利 10 件，矿石提锂专利 6 件，锂转化专利 7 件，富锂专利 5 件，锂金属冶炼设备 1 件，吸附剂的保护专利 1 件。这一阶段 1994 年专利申请数量最多，当年共申请 6 件专利，其中有 3 件为碳酸锂转化为溴化锂的专利，溴化锂在当时的主要用途是作为制冷剂（代替氟利昂）、除湿剂以及医药制剂，是重要的化学中间体，因此在当时这批专利有较为实际的市场应用价值。

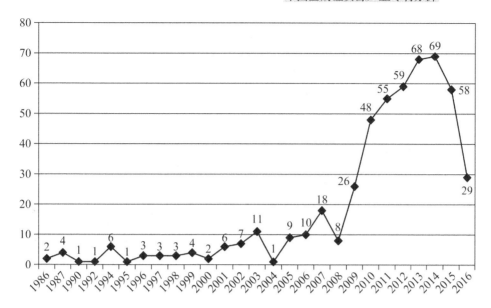

图 5—1 锂资源开采技术专利年度申请量（件）

2001 年至 2008 年，专利申请量呈波动式增长，全国共计申请专利 70 件。2003 年、2007 年出现申请量的两个峰值。2003 年全国申请专利 11 件，其中 5 件为盐湖卤水锂镁分离技术。2007 年全国申请专利 18 件，其中有关盐湖卤水提锂技术的专利 5 件，矿石提锂专利 2 件，锂转化专利 4 件，富锂专利 1 件，提锂设备专利 4 件，提锂试剂专利 2 件。

2009 年至 2015 年，这一领域中国专利申请量迅猛增长，锂资源开发产业进入高速发展时期。一方面的原因，是下游产品爆发式高速增长，倒逼上游锂产品开发，同时国内加大了盐湖资源开发的力度，锂提取技术发展迅速，盐湖提锂方法不断发展与创新。另一方面的原因，是由于这一阶段国家出台了相关政策，尤其是 2011 年出台的"十二五"规划首次将每万人口发明专利拥有量提高到 3.3 件的量化指标首次列入了规划目标，成为国民经济和社会发展综合考核指标体系的重要组成部分，也使得锂资源产业领域的专利申请量也有大幅度增长。

5.1.2 锂资源开采一级技术分类专利分析

为更好地把握锂资源开发技术发展的重点与方向，结合国内专利技术的特点，本章将锂资源开采分为 4 个一级分类，分别是锂提取、富锂、锂盐转化、提锂设备及提锂试剂。具体专利申请数量见表 5—1。其中，锂提取相关专利共 201 件，占比 39％；富锂相关专利共 121 件，占比 24％；锂化合物转化相关专利 85 件，占比 17％；提锂设备及提锂试剂专利共 105 件，占比 20％。

表 5-1 锂资源开采一级技术分类表

一级技术分类	申请专利数量
锂提取	201 件
富锂	121 件
锂盐转化	85 件
提锂设备及提锂试剂	105 件
合计	512 件

在一级分类的基础上，针对重要的技术节点进行进一步的分类。将富锂分为富集、锂盐精制、除杂以及浓缩四个技术分支。从自然界的矿石或卤水中获得锂产品之前，通常需要对矿石或卤水资源进行除杂、富集、浓缩等富锂过程，之后再将富锂矿或富锂卤水作为工业原料生产碳酸锂等初级产品。初级产品并不能直接应用于下游高精尖产品的制备，通常还需要进行锂的精制过程才能满足下游产品使用需求（见图 5-2）。

图 5-2 锂资源开采技术关联

图 5-3 中列举了富锂的二级技术分类和相应专利数量。由图中可以看出，富锂的四个技术分支中富集专利申请数量最多，其次是锂盐精制，除杂专利数量居中，浓缩专利数量相对较少。从技术层面分析浓缩和除杂技术是锂提取工序中的基础工序和重要单元，但是主要是工艺过程，并不适合利用专利进行技术保护。而富集技术对于降低锂提取的成本、提取高纯的锂产品至关重要，开发先进的富集技术

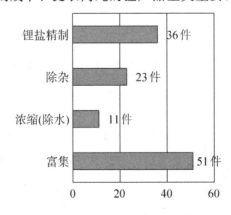

图 5-3 富锂二级技术分类

成为行业内关注的重点。这也导致该技术专利申请数量超过其他技术领域，甚至许多申请人单就锂富集这一技术申请专利保护。锂盐精制技术则是在成功提取锂初级产品之后的重要高值化工艺过程，显然低含量、低纯度的产品只能满足低端市场的需求；而高纯度产品，虽然纯度上只是提高十几个百分点，但是因其能够应用于高精尖产品，其价格提高几倍甚至几十倍，这也成为锂盐精制技术受专利青睐的重要原因。

5.1.3 工业生产锂产品的原料来源

表5-2列举了国内不同的资源提锂技术的专利技术申请情况。可以看到，相关专利中锂的主要来源是盐湖卤水、矿石和海水。其中，盐湖卤水提锂专利申请量最多，有125件；矿石提锂次之，有72件；另外，有少数的海水提锂专利申请。

表5-2 工业生产锂产品的原料来源

序号	工业生产锂产品的原料来源	申请数量
1	盐湖卤水	125件
2	矿石	72件
3	海水	4件
合计		201件

全世界盐湖资源分布十分有限，而中国是为数不多的富有盐湖锂资源的国家。我国的盐湖锂资源十分丰富，盐湖锂资源约占全国锂资源总储量的85%，如果能够实现规模化开采，将创造难以估量的经济效益。然而由于我国盐湖资源的特殊性，我国每年80%的锂产品来源于矿石提锂。这与全球80%的锂资源开发为盐湖卤水提取的情况刚好相反。其中，技术原因是主要的瓶颈问题，我国盐湖大部分为高镁锂比卤水，国外现成工艺无法直接嫁接，只能根据资源特点慢慢摸索。配套技术的欠缺，也使得我国盐湖提锂技术相较其他盐湖提锂技术发达国家还比较薄弱。近几年虽然开始增加投入，加快开发进程，但是仍然处于起步阶段，还有大量的工作需要探索。

青海省拥有十分丰富的盐湖锂资源，并且盐湖中锂含量较高。具有十分优秀的开发前景。接下来将针对锂资源开采二级技术分类中的盐湖提锂技术进行详细的技术分析。分析内容包括专利申请时间趋势、不同地区技术特点、重点专利权人的专利技术等。

5.2 盐湖提锂技术专利分析

5.2.1 不同地区盐湖提锂专利申请量分析

作为复杂的系统化工程，卤水提锂技术不是只依靠盐湖资源所在地一方之力就能够完成的。需要工程设计优势地区、资本密集地区、技术密集地区、装备制造密集地区共同协作才能完成。因此，从专利申请地域来看，该领域的专利申请不是仅集中于盐湖资源最为丰富的地域，而是在多个地区都有申请。

本节从盐湖卤水提锂领域申请专利量较多的地域及其专利年度申请量情况进行分析。图5—4所示为该领域专利申请量排在前10位的地区：排名第一的为青海省，合计申请32件相关专利；其余申请量较多的还有湖南、北京、江苏、四川、西藏等地。

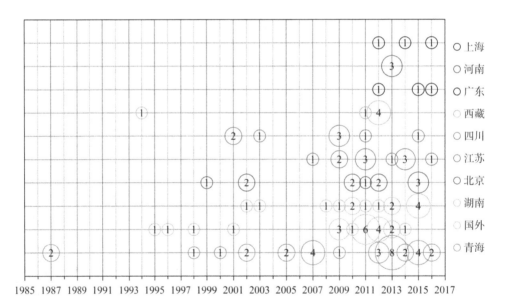

图5—4 不同地区盐湖提锂专利申请量

这10个专利申请量较多的地区当中，青海、西藏、四川及湖南都是资源密集型地区，是由丰富的资源量带动产业的发展、技术的创新。青海柴达木盆地的察尔汗盐湖、东台吉乃尔盐湖、西台吉乃尔盐湖、西藏藏北仲巴县的扎布耶盐湖都是我国乃至世界锂含量非常丰富的盐湖；四川及湖南则是我国锂矿产资源十分丰富的地区，四川盛产锂辉石矿产资源，湖南则以锂云母矿石资源居多。

北京、江苏、上海等地则是经济、技术密集型地区，即拥有相当多数量的高科技企业、众多的研究型人才，由前沿科技带动产业的变革。北京地区共申请11件专利，主要分布在高校、科研院所。其中，中国地质科学院盐湖与热水资源研究发展中心申请4件专利，均为太阳池法提锂技术。北京化工大学申请2件专利，为吸附法及沉淀法提锂技术。清华大学申请1件专利，为萃取法提锂技术。江苏是以前沿科技企业申请专利量较多。其中，江苏海龙锂业科技有限公司申请3件专利，均为碳化法提锂技术。江苏久吾高科技股份有限公司申请3件专利，均为吸附法提锂技术。海门容汇通用锂业有限公司申请1件专利，为沉淀法提锂技术。

从时间趋势上看，青海省在2007年及2013年专利申请数量较往年增多。2007年之前，青海省申请的专利中，只涉及萃取法和吸附法。而2007年又新增了沉淀法和碳化法提锂技术的专利申请。在此基础上，2013年又新增了纳滤法及太阳池法提锂的相关专利申请。

西藏地区2012年专利申请量增多，通过分析可知，西藏地区通过工艺优化，克服了之前碳酸盐型卤水中锂难以富集的问题，并且成功地从高镁锂比卤水中提取锂，使锂的回收率大大提高。

国外机构2011年在华申请的专利量较多，但申请机构较为分散，包括美国、日本、韩国、澳大利亚等国家的不同公司及机构。这些专利申请主要从经济角度出发，为降低成本而针对原有的提锂技术进行改进。

湖南省2015年相关专利申请量较多，主要集中在溶剂萃取技术的突破上，通过技术改进实现从低锂卤水中高效、经济地提取锂资源。

5.2.2 不同地区盐湖提锂专利核心技术分析

图5-5展示了盐湖提锂专利核心技术在不同地区的分布情况。从盐湖提锂技术来看，各地申请专利量最多的为沉淀法，其次是吸附法和太阳池法。沉淀法的主要原理是将含锂卤水蒸发浓缩、酸化除硼，分离剩余硼、钙、镁离子；加入碳酸钠使锂以碳酸锂的形式沉淀析出，干燥后得碳酸锂制品。吸附法主要采用吸附剂从浓缩后的卤水中直接提锂，用酸洗提；将洗提液蒸发浓缩并直接电解。太阳池法则是利用太阳池进行太阳能储热，使盐湖卤水升温至40～60 ℃，满足碳酸锂高温结晶的条件，之后碳酸锂集中沉淀。由此可见，国内对于沉淀法、吸附法、太阳池法的技术研究比较多，对于生物法、煅烧法和纳滤法的技术目前关注较少。但这三者还有较大的区别，生物法和纳滤法属于相对较新的技术，出现较晚，还需要较长的开发周期，处于起步阶段，专利量较少。煅烧法属于早期高污染、高能耗技术，由于国内对环境要求越来越高，使得该技术的应用受限，因此受到冷遇。

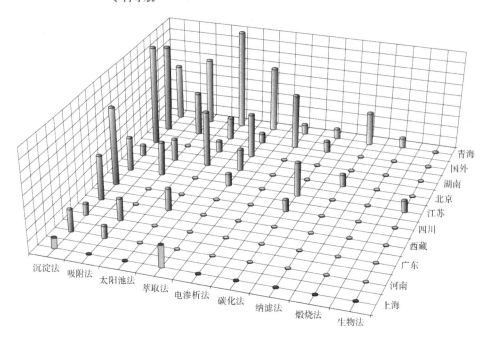

图5-5 盐湖提锂专利核心技术不同地区的分布

从地区来看，青海省的盐湖提锂技术研究最全面，除生物法以外，所有技术可行的提锂方案都有相关专利申请。西藏地区的提锂技术集中在沉淀法及太阳池法，这与西藏地区的盐湖资源以及自然条件息息相关。一方面，西藏盐湖多为碳酸盐型盐湖，并且碳酸锂具有逆溶解度（即其溶解度随温度的上升而下降），因此，采用太阳池法、沉淀法并通过兑卤、冷冻析出等方式，充分利用西藏地区的气候条件，可以经济有效地提取盐湖锂资源；另一方面，藏区的自然条件恶劣，无法建立大型化学品生产基地，只能选择利用自然条件获取中间产品再异地精制的生产方式。

值得注意的是，国内专利中涉及电渗析方法的非常少，仅青海一地有少量的专利申请，但国外机构在华申请电渗析方法的专利较多。经对比相关专利发现，电渗析方法主要用在制备氢氧化锂的工艺中，也有少量制备碳酸锂的专利。而国内申请的相关专利均是基于美国、日本等专利并在此基础之上进行工艺优化及改进。国内电渗析方法基础性专利较少，一旦形成生产规模，将可能处于不利的竞争地位，有必要有针对性地开展研究工作，利用现有资源弥补知识产权方面的缺失。

5.2.3 盐湖提锂专利核心技术专利申请量分析

图5-6列举了盐湖提锂核心技术专利申请量随时间的变化情况。整体看各个技术发展不均衡，有的技术研究较为连续，更加深入；而有些技术起步较晚，涉猎不深；甚至有的技术浅尝辄止，需要进一步跟进。

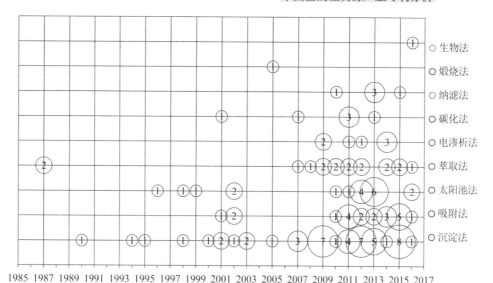

图5—6　盐湖提锂专利核心技术专利申请量

2003年之前，盐湖提锂技术主要集中在沉淀法、吸附法和太阳池法；2003年至2006年沉淀法、吸附法、太阳池法专利申请量较前一阶段变少，2007年之后申请量又稳步回升，尤其是萃取法增加明显。似乎在2003年至2006年整个行业遭遇了瓶颈期，各个技术都没有进一步发展。以沉淀法为例，2003年之前的传统沉淀法，多是将锂作为附产物进行回收，在盐田自然蒸发析钠、钾、镁混盐后，蒸发析出水氯镁石，再加碳酸盐沉淀生产碳酸锂。但是此种方法锂的损失量很大，回收率不高，不适合于高镁含量卤水提锂。2007年之后的专利则多是采用优化工艺，如氢氧化钠沉淀除镁原理，通过加入表面活性剂和晶体促进剂等物质，易于氢氧化镁沉淀和分离，从而提高了锂的回收率。

2007年之后，专利技术呈现多样化发展趋势，萃取法、电渗析法、碳化法等盐湖提锂技术发展迅速。这些技术的出现和发展对于降低盐湖提锂的成本、提高锂的回收率、降低能耗和减少污染排放等诸多方面具有重要意义。新方法是对老方法的有益补充，之前的沉淀法不适用于高镁含锂卤水提锂，并且使用大量的沉淀剂导致成本较高；吸附法的吸附剂处理能力有限，不利于大量工业化生产。而萃取法适合用于高镁含锂卤水提锂，碳化法和电渗析法能够直接从盐湖卤水中提取高纯度的碳酸锂，这三种方法能够经济、高效地提锂而降低能耗和污染物质的排放，从而弥补之前盐湖提锂方法中的多种缺点。

从专利分析的角度，盐湖卤水提锂技术在2003年出现断层、2007年又快速发展的现象引起了我们的兴趣。既然问题是在专利数据分析过程中发现的，那我们仍寄希望于在专利数据中找出答案。基于对专利技术的解读，我们大胆地推测这是行业转型的结果。2003年前的技术，实际上是关注于盐湖资源的开发，从盐湖卤水中获得可以产品化的各种资源，如钾肥、钠盐、金属镁等，过程中对锂的富集是综合利用的需要。而 2007 年开始，锂资源成为市场新热点，使得从卤水中提取含量极低的锂盐在经济上成了可行的目标，而原来的主要产品变成了锂资源开发过程中的伴生产品。关注重点的不同，自然引起技术上的转移，2007 年之后，原卤水开采技术改进的重点自然落在提高锂的产量和纯度之上，而原来认为高成本的提取方法重新成为开发重点。

5.2.4 盐湖提锂专利重点专利权人专利申请量分析

本节从盐湖卤水提锂领域的重要申请人及其专利年度申请量情况进行分析。图 5—7 所示为该领域专利申请量排在前 10 位的申请人情况：排名第一位的是中国科学院青海盐湖研究所，专利申请量为 23 件；西藏国能矿业发展有限公司排在第二位，专利量为 8 件；中南大学申请量排在第三位，专利申请量为 6 件。排在前十位的申请人中国科研院校 4 所，国外科研院校 1 所，国内企业 5 家。中国科学院青海盐湖研究所是国内申请最早的单位，其他科研机构和企业则在 2000 年前后才开始有专利申请，直到 2007 年之后申请量才有一定的提高。

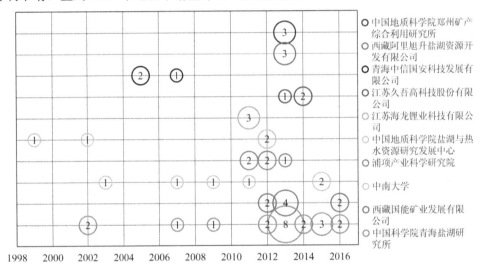

图 5—7　盐湖提锂专利重点专利权人专利申请量分析

5.2.5 中国盐湖提锂技术主要专利权人分析

本节针对在青海省开展盐湖锂资源开发的公司和研究所的专利展开分析。主要专利权人包括：中国科学院青海盐湖研究所、西部矿业集团有限公司及其子公司青海锂业有限公司、青海盐湖工业股份有限公司、蓝科锂业股份有限公司、青海恒信融科技股份有限公司、青海中信国安科技发展有限公司、西藏国能矿业股份有限公司以及中国科学院上海有机化学研究所（以下简称上海有机所）等单位。

为提高本节专利分析的全面性和准确性，针对被分析单位进行单独检索，采用全面检索策略，在专利权人全面检索的基础上，采用人工筛选的方式，选取主相关专利进行重点分析，针对次相关专利进行统计分析，剔除无关专利。

在重点分析过程中，根据盐湖提锂技术特点，将依据原料产品的不同将盐湖卤水提锂技术工艺划分为 8 个技术单元，详见图 5-8。

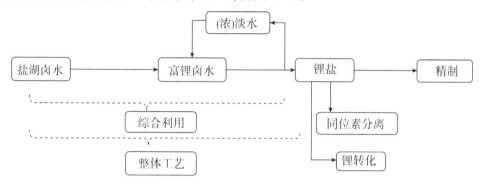

图5-8　盐湖卤水提锂工艺

其中，工艺主线分为 3 个技术单元：

①盐湖富锂：以盐湖卤水作为原料，经过处理得到富锂卤水技术单元；

②富锂提锂：富锂卤水经富集得到锂盐技术单元；

③锂盐精制：锂盐经进一步精制得到电池级锂盐技术单元。

围绕工艺流程主线还包含配套 4 个技术单元：

④淡水回收：工艺过程中淡水的回收再利用技术单元；

⑤锂盐转化：锂盐根据产品需要进行锂盐转化技术单元；

⑥同位素分离：锂盐同位素分离技术单元；

⑦综合利用：围绕整体工艺特点设计的盐湖卤水资源综合利用技术单元。

另外，分析过程中发现专利中还包含整体工艺单元，即

⑧整体工艺：以盐湖卤水为原料经系列单元操作得到锂盐整体技术方案。

5.2.5.1　中国科学院青海盐湖研究所专利分析

中国科学院青海盐湖研究所（以下简称青海盐湖所）是我国唯一专门从事盐湖研究的国家级科研机构。青海盐湖所创建于 1965 年 3 月，坐落于青海省省会西宁市，已经形成了盐湖地质学、盐湖地球化学、盐湖相化学与溶液化学、盐湖无机化学、盐湖分析化学、盐湖材料化学、盐湖化工等完备的学科体系。青海盐湖所一直致力于盐湖资源开发与应用基础研究，积累了丰富的盐湖基础数据和资料，取得了一批具有国内和国际先进水平的研究成果，在盐湖提锂方面形成了一系列的技术及专利。

针对盐湖提锂领域进行全面检索，共采集专利数据 334 件。人工标引去噪主要剔除了以下技术领域相关的专利：

①排除锂电池正极材料专利；

②排除矿石提锂类专利；

③排除废液或废气处理类专利。

经过初步筛选，得到与盐湖提锂相关专利146件，其中包括盐湖中提取锂元素的专利69件，作为重点分析内容；另外，盐湖其他资源的提取专利77件，作为统计分析对象。青海盐湖所关于盐湖提取其他资源的专利包括：

①关于盐湖提取钾的专利45件；

②关于盐湖提取硼的专利12件；

③关于盐湖提取镁的专利10件；

④关于盐湖提取碘的专利6件；

⑤关于盐湖提取铷的专利3件；

⑥关于盐湖提取铯的专利1件。

最终纳入本次分析范围的盐湖提锂专利总量为69件，时间段涵盖1985年至2016年，其中发明专利68件，实用新型1件，见表5—3。

表5—3　青海盐湖所相关专利类别

序号	专利类别	申请数量
1	发明	68件
2	实用新型	1件
合计		69件

5.2.5.1.1　青海盐湖所专利申请态势分析

从专利申请数量（图5—9）的角度分析青海盐湖所盐湖提锂技术发展历程，其研发工作主要经历三个阶段。

（1）孕育期（2000年前）：该阶段专利申请量较少，1987年黄师强等人首先提出了用萃取法进行盐湖提锂工艺，选用磷酸三丁酯和稀释剂组成萃取剂，该法可从盐湖卤水中直接提取无水氯化锂，且锂的总回收率可达90.6%，但该法存在设备腐蚀严重及萃取剂溶损等问题。1993年，青海盐湖所只申请1件锂分离相关专利，技术为锂的同位素分离。

（2）平台期（2000—2010年）：随着盐湖提锂技术的革新，青海盐湖所研究方向不断丰富，专利申请迈入新的台阶。如2002年申请保护无机吸附剂专利；2003年申请专利主要保护纳滤法；2007年申请专利主要保护向粗碳酸锂溶液中通入二氧化碳精制锂的方法；2009年和2010年主要保护萃取法，该阶段专利申请量虽增幅不大，但却为今后盐湖提锂技术研究与发展奠定了基础。

（3）发展期（2010年以后）：2010年以后申请量大幅增加。其中，2014年专利申请量达到高峰，当年申请专利19件。该阶段专利主要集中在萃取法和碳化法。李丽娟团队在萃取体系中引入新组分，如协萃取剂、共萃取剂等，提高萃取性能，改进现有技术中设备腐蚀、萃取剂溶损等问题。另外，邓小川团队就控制碳化反应条件提高碳化速率也申请了一系列专利。

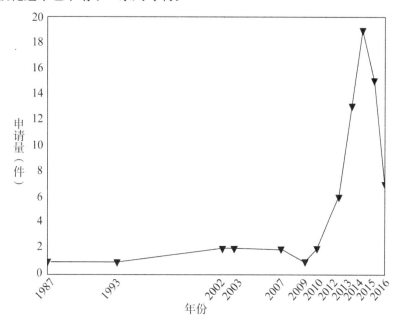

图5—9 专利整体变化趋势

5.2.5.1.2 盐湖提锂技术具体工艺分析

根据盐湖提锂的工艺路线，将青海盐湖所专利进行分类（图5—10）。

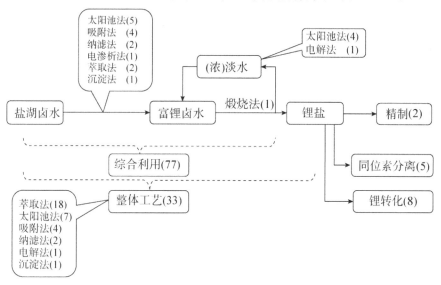

图5—10 技术工艺路线图

①盐湖富锂相关专利15件，其中，太阳池法5件、吸附法4件、纳滤法2件、电渗析法1件、沉淀法1件，萃取法2件；

②富锂提锂相关专利1件，主要采用煅烧法进行盐湖提锂；

③整体工艺相关专利共33件，包括萃取法18件、太阳池法7件、吸附法4件、

纳滤法2件、电解法1件、沉淀法1件；

　　④锂盐精制相关专利2件，主要为硫酸锂和碳酸锂的精制；

　　⑤淡水回收相关专利5件，包括太阳池法4件、电解法1件；

　　⑥锂盐转化相关专利8件，主要为碳酸锂和碳酸氢锂间相互转化；

　　⑦同位素分离相关专利5件（详见表5-4）。

　　在工艺路线的设定过程中，萃取法和同位素分离方法差异巨大，前者处于工艺前段，而后者只是分离后的产品利用工艺，二者虽然目标不同，但是在技术层面的相似性远大于差异性，尤其是工程化工艺控制方面可以相互借鉴，都需要完成物质分离与富集。

　　同位素分离工艺：自然界中，元素锂包含锂6（^6Li）和锂7（^7Li）两种同位素，它们的丰度分别为7.52%和92.48%。^6Li和^7Li在原子能工业中的作用截然不同，^6Li是发展可控热核聚变反应堆必不可少的燃料和国防战略安全保证的必需品。这是由于^7Li的热中子吸收截面仅为0.037b，而^6Li的热中子吸收截面可达940b，^6Li比^7Li更易被中子轰击后生成氚和氦，使氚（T）在反应堆中不断增殖。^7Li则在核裂变的反应过程中对反应的调控和设备的维护发挥着重要的作用，超纯^7LiF可作为新一代熔融盐反应堆冷却剂和中性介质，^7LiOH可以作为压水堆的pH调节剂，缓解容器设备的腐蚀问题。锂同位素^6Li和^7Li在核能源中分别具有十分重要的应用，将元素锂中的两种同位素分离，即^6Li和^7Li分离的过程称为锂同位素分离。

　　目前，锂同位素分离方法大致可分为化学法和物理法。化学法包括锂汞齐法、萃取法、离子交换色层分离法、分级结晶和分级沉淀等。物理法包括电子迁移、熔盐电解法、电磁法、分子蒸馏和激光分离等。锂汞齐交换法是唯一在工业上已获得应用的方法，目前我国仍在使用该方法进行锂同位素的生产。常用的交换体系有两种：锂汞齐与含锂化合物溶液之间的交换和两者有机溶液之间的交换。

　　研发团队在2015年申请的一批专利中，希望利用冠醚结构的疏水性离子液体螯合剂和稀释剂配制的萃取有机相从锂盐水相中萃取分离锂同位素，以达到安全、绿色、高效、稳定的富集分离锂同位素的目的。专利保护相对比较完善，包括萃取选用的材料、萃取体系选择、条件控制、具体方案等。

表5-4　锂的同位素分离

序号	专利申请号	专利名称	申请日	发明人
1	CN201510952144.1	一种分离锂同位素的材料及其制备方法和应用	2015—12—17	景燕，肖江，贾永忠，姚颖，孙进贺，石成龙，王兴权
2	CN201510952278.3	一种萃取锂同位素的萃取体系	2015—12—17	景燕，肖江，贾永忠，姚颖，孙进贺，石成龙，王兴权

续表

序号	专利申请号	专利名称	申请日	发明人
3	CN201510952280.0	一种萃取锂同位素的方法	2015—12—17	景燕，肖江，贾永忠，姚颖，孙进贺，石成龙，王兴权
4	CN201510952117.4	萃取锂同位素的方法	2015—12—17	景燕，肖江，贾永忠，姚颖，石成龙，王兴权
5	CN93101205.8	用二磷酸氢钛分离锂元素同位素的方法	1993—01—18	李纪泽，韩素伟，韩俞

值得一提的是在分析过程中发现，青海盐湖所不仅针对解决方案申请专利，还针对理论计算方法进行专利保护：CN201410459628.8，一种确定锂离子萃取速率方程的方法。

该理论计算方法主要针对溶剂萃取法。虽然研究者们对溶剂萃取法提锂进行了深入的研究，并取得了一些研究进展，但是由于萃取体系的相界面间的物质传递、萃取的控制模式等方面机理研究滞后，导致工业化过程中的一系列问题。研究人员利用上升液滴法研究从盐湖卤水体系中萃取锂的动力学机理，确定影响锂萃取的主要因素，以及萃取原液中各因素的萃取级数，并以萃取速率方程形式表达。对于深入了解萃取机理，选择最优萃取工艺，优化萃取条件和丰富萃取化学的内容都具有十分重要的意义。

青海盐湖所针对萃取法和吸附法的专利申请情况见图5—11。

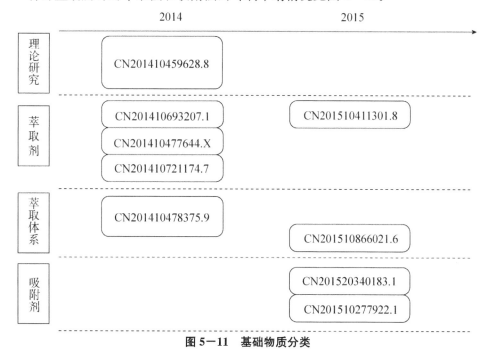

图5—11　基础物质分类

关于理论研究的专利 1 件，主要内容为确定锂离子的萃取速率方程；

关于萃取剂的专利 4 件，2014 年申请 3 件，2015 年申请 1 件，所涉及的萃取剂分别为磷酸三丁酯和离子液体体系、磷酸三丁酯和 N，N-二（2-乙基己基）-3-丁酮乙酰胺体系、双酮类化合物和中性磷氧类化合物体系及 1 件萃取剂再生专利。

萃取体系专利 2 件，1 件为磷酸三丁酯和离子液体体系的进一步衍生，另一件专利进一步将萃取体系的应用领域拓展到碱金属及碱金属氯化物的萃取。

吸附剂类专利 2 件。

5.2.5.1.3　盐湖提锂方法分析

青海盐湖所关于盐湖提锂或富锂的专利共计 54 件，具体见图 5－12。青海盐湖所盐湖提锂过程中主要用到的方法包括萃取法、太阳池法、吸附法、纳滤法、电解法、沉淀法、电渗析法、煅烧法等 8 种方法。其中，此处的萃取法不仅包括盐湖萃取提锂工艺，也纳入了萃取剂及萃取体系相关专利；同样，吸附法也纳入了吸附柱相关专利。

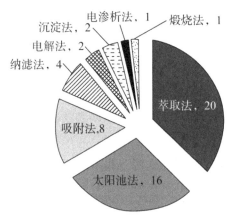

图 5－12　盐湖提锂方法分类

在分析的 8 种方法中，萃取法专利申请数量最多，其发展经过四个阶段，首先是 1987 年黄师强首次提出以磷酸三丁酯和稀释剂 200# 煤油为萃取剂进行盐湖提锂，后续阶段都是李丽娟等人就该方法存在的萃取剂溶损率高、腐蚀性高等缺点进行一系列的改进和优化；第二阶段开发酰胺类化合物萃取体系和中性磷氧类化合物萃取体系；第三阶段开发磷酸三丁酯和二-（2-乙基-己基）-3-丁酮乙酰胺萃取体系；第四阶段是在磷酸三丁酯萃取体系中添加表面活性剂。目前，萃取法为青海盐湖所独家采取专利保护的技术方法。

太阳池法专利申请数量 16 件，有别于常规的太阳池法，青海盐湖所申请太阳池法专利主要是将碳酸盐型盐湖卤水和硫酸盐型盐湖卤水混合后进行一系列的蒸发处理，另外，太阳池法主要应用于西藏盐湖提锂。

吸附法专利数量 8 件，早期的吸附剂主要为无机吸附剂，近几年逐渐发展为有机树脂吸附剂。

纳滤法专利数量 4 件，纳滤法是将盐田与膜技术相结合，通过多级盐田蒸发降低盐湖的镁锂比，再经过纳滤膜分离出锂的方法。

电解法和沉淀法专利数量各为 2 件，申请年份集中在 2014 年、2015 年。

电渗析法只在 2003 年有 1 件专利申请。

煅烧法只在 2014 年有 1 件专利申请。

5.2.5.1.4 专利技术年度总体申请量情况

图 5－13 为主要提锂方法专利年度申请量图，从图中可以看出，2009 年之前只申请 4 件专利，2009 年之后专利数量逐渐增长，其中萃取法申请量最多，并且其专利申请量主要集中在 2014 年（10 件），主要是李丽娟团队及其与中国科学院上海有机所合作申请的一系列萃取法相关专利；同时，贾永忠等人在萃取剂及萃取体系等方面也申请了专利。太阳池法相关专利从 2012 年开始出现，发展迅速，除 2015 年外，每年申请 5 件专利，目前该技术专利申请量进入三甲。该法以董亚萍为带头人，主要围绕西藏盐湖的开发，与西藏国能矿业及西藏阿里旭升盐湖资源开发有限公司均有合作。吸附法专利 8 件，主要以邓小川为带头人，该法前期主要采用无机吸附剂，后期开发出树脂吸附剂；纳滤法专利 4 件，主要以王敏和邓小川为带头人；沉淀法、电解法、煅烧法及电渗析法的专利申请量较少。

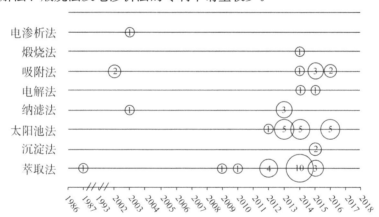

图 5－13 提锂方法专利年度申请量

5.2.5.1.5 专利重要程度分析

本节将专利的重要程度分为三个等级，即基础性专利、支撑性专利、互补性专利。其中：

基础性专利：主要是指盐湖提锂过程中涉及的新方法、结构或体系，这些专利发挥了该技术成果最基础、最重要的保护和控制作用。

支撑性专利：主要是指对核心或基本方案的具体实施起到配套、支撑作用的相关技术的专利，例如方案相关的上下游技术的专利。支撑性专利与基础性专利在对技术的控制作用上相互依赖，可有效扩大企业的技术控制范围，增加企业对产业链的影响力。

互补性专利：主要是围绕核心或基本方案衍生出的各类改进型方案的专利，包括对技术本身的优化、改进方案，与各种产品结合时产生的具体应用方案等。

选取盐湖富锂、富锂提锂、淡水回收和整体工艺总计54件专利按照提锂方法、专利的重要程度进行分类，见表5－5。

表5－5　专利重要程度分类　　　　　　　　　　　单位（件）

步骤 \ 方法		太阳池法	萃取法	吸附法	电解法	纳滤法	电渗析法	沉淀法	煅烧法	合计
①盐湖富锂	基础专利	1	0	1	0	1	1	1	0	5
	支撑专利	2	0	3	0	1	0	0	0	6
	互补专利	2	2	0	0	0	0	0	0	4
②富锂提锂	基础专利	0	0	0	0	0	0	0	0	0
	支撑专利	0	0	0	0	0	0	0	1	1
	互补专利	0	0	0	0	0	0	0	0	0
④淡水回收	基础专利	1	0	0	0	0	0	0	0	1
	支撑专利	0	0	0	1	0	0	0	0	1
	互补专利	3	0	0	0	0	0	0	0	3
⑧整体工艺	基础专利	1	2 [1]	0	0	0	0	0	0	3
	支撑专利	0	0	2 [2]	0	2	0	0	0	4
	互补专利	6	16 [3]	2	1	0	0	1	0	26
合计		16	20	8	2	4	1	2	1	54

注：[1] 萃取体系1件；

　　[2] 吸附柱及其制备方法2件；

　　[3] 萃取剂及萃取体系6件。

从专利重要程度来看，基础专利9件，支撑专利12件，互补专利33件。互补专利比例较高，基础专利和支撑专利比例相对较低。

从盐湖提锂工艺主线来看，盐湖富锂中的基础性专利5件，支撑性专利6件，互补性专利4件，专利主要集中在太阳池法和吸附法盐湖提锂领域；整体工艺中基础性专利3件，支撑性专利4件，互补性专利26件，专利主要集中在萃取法及太阳池法盐湖提锂领域；淡水回收中基础性专利1件，支撑性专利1件，互补性专利3件，专利主要集中在太阳池法盐湖提锂领域；富锂提锂中只有1件支撑性专利。根据以上分析可以发现，盐湖所大部分专利集中在整体工艺中，盐湖富锂和淡水回收专利量较少，而富锂提锂专利只有1件。

从提锂的方法来看，太阳池法盐湖提锂专利16件，包括3件基础性专利，虽然专利数量不是最多，但其专利布局相对完善，只有在富锂提锂中存在技术空白点。

萃取法盐湖提锂专利量最多，总计 20 件，虽然其申请量最多，但缺乏基础性专利，且在淡水回收中和富锂提锂中存在专利空白。吸附法盐湖提锂专利总计 8 件，其中支撑性专利最多，且在富锂提锂和淡水回收中存在技术空白点，纳滤法盐湖提锂总计 4 件专利，其中支撑性专利 3 件，基础性专利 1 件，富锂提锂和淡水回收存在技术空白点。电解法盐湖提锂专利 2 件，1 件为支撑性专利，另 1 件为互补性专利，且在盐湖富锂和富锂提锂方面存在技术空白点。沉淀法盐湖提锂专利 2 件，分别为基础性专利和互补性专利。煅烧法盐湖提锂专利 1 件，属于富锂提锂技术，但在其他技术单元没有专利申请。

综合以上分析可以发现，青海盐湖所专利在各工艺流程中分布比较集中于盐湖富锂和整体工艺，技术单元富锂提锂和淡水回收专利数量较少，从提锂方法来看，各提锂方法分布到各技术单元时存在专利空白点，建议布局时尽量让每个技术单元都有专利布局。

5.2.5.1.6 专利存活期分析

将 69 件专利中 28 件授权专利按存活期和专利数量作图，对专利的有效性进行分析。

图 5—14 为授权专利的存活期，从图中可以看出，存活期在 8 年以上的专利总计 6 件，主要涉及的技术有纳滤法、吸附法盐湖提锂以及向溶液中通入 CO_2 使碳酸锂转化为碳酸氢锂进而制得纯度更高的碳酸锂。存活期 1~3 年的专利数量 13 件，其申请日期主要集中在 2013—2015 年，涉及的技术包括太阳池法盐湖提锂、纳滤法盐湖提锂、调节碳化条件控制碳化反应速率及萃取剂速率方程的确定，主要为存活期为 8 年以上专利的后续专利。存活期在 3~5 年的专利数量 8 件，涉及的提锂方法包括太阳池法及纳滤法。专利 CN03108088.X 的存活期为 13 年，保护的主要方法是纳滤法；专利 CN02145582.1、CN02145583.X 的保护期最长，目前为 14 年，其保护技术主要是吸附法。

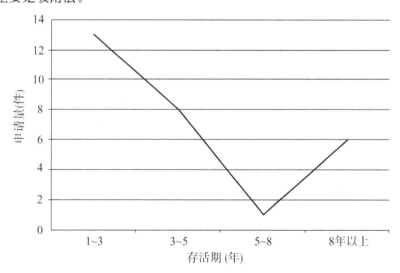

图 5—14 专利存活期

5.2.5.1.7 法律状态分析

图5-15绘出了69件中国科学院青海盐湖所关于盐湖提锂专利申请的法律状态。可以看出，授权专利已占到41%，实审专利和公开专利分别占42%和9%，权利终止专利占3%，撤回专利占4%，驳回专利占1%。本书将权利终止专利、撤回专利及驳回专利归为失效专利，青海盐湖所从1987年至2016年失效专利只有6件，其中关于萃取法盐湖提锂的专利3件，太阳池法1件，纳滤法1件，同位素分离1件，具体见表5-6。失效专利具体技术节点分布见表5-7。随着新技术的不断产生和发展，某些早期专利技术较老，且维护成本较高失去价值，从而促使专利持有人选择放弃某些基础性专利，但这些基础性专利法律价值较高，即使出现了新的技术，但仍然应该继续保护。

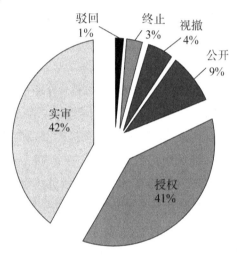

图5-15 法律状态数量图

表5-6 失效专利具体信息

序号	专利申请号	专利名称	专利申请日	法律状态
1	CN201210464058.2	萃取法从含锂卤水中提取锂盐的方法	2012-11-16	公布后的视为撤回
2	CN201210397192.5	高原硫酸盐型硼锂盐湖卤水的清洁生产工艺	2012-10-18	公布后的视为撤回
3	CN93101205.8	用二磷酸氢钛分离锂元素同位素的方法	1993-01-18	申请视为撤回
4	CN201010577333.2	一种盐湖卤水萃取法提锂的协同萃取体系	2010-12-03	未缴年费终止
5	CN87103431.X	一种从含锂卤水中提取无水氯化锂的方法	1987-05-07	未缴年费终止
6	CN201310571755.2	一种从高镁锂比盐湖卤水中精制锂的方法	2013-11-15	申请公布后驳回

表5-7　失效专利分布

步骤 ＼ 方法		太阳池法	萃取法	吸附法	电解法	纳滤法	电渗析法	沉淀法	煅烧法	合计
①盐湖富锂	基础专利	1	0	1	0	1	1	1	0	5
	支撑专利	2	0	3	0	1	0	0	0	6
	互补专利	2	2	0	0	0	0	0	0	4
②富锂提锂	基础专利	0	0	0	0	0	0	0	0	0
	支撑专利	0	0	0	0	0	0	0	1	1
	互补专利	0	0	0	0	0	0	0	0	0
④淡水回收	基础专利	1 [4] 0	0	0	0	0	0	0	0	1
	支撑专利	0	0	0	1	0	0	0	0	1
	互补专利	3	0	0	0	0	0	0	0	3
⑧整体工艺	基础专利	1	2 [1] 1	0	0	0	0	0	0	3
	支撑专利	0	0	2 [2]	0	2 1	0	0	0	4
	互补专利	6	16 [3] 14	2	1	0	0	1	0	26
合计		16	20	8	2	4	1	2	1	54

注：[1] 萃取体系 1 件；

[2] 吸附柱及其制备方法 2 件；

[3] 萃取剂及萃取体系 6 件；

[4] 画横线为存在失效专利。

结合专利重要程度及专利有效性分析，基础专利占总数的 14.8%，支撑专利 24.1%，互补专利 61.1%，基础专利所占比重最少，且失效专利所占比例较大，有些早期专利由于年限问题失去价值，但也有专利权人因未缴年费而导致专利失效，因此在专利布局时应注意对基础性专利的申请及保护，包括其技术的进一步延伸。

从盐湖提锂工艺主线来看，盐湖富锂和富锂提锂中无失效专利；整体工艺中失效专利 4 件，其中包括基础性专利 1 件，支撑性专利 1 件，互补性 2 件；淡水回收中 1 件基础性专利已失效，造成该技术单元基础性专利空白。

从提锂方法来看，5 件失效专利主要集中在萃取法、太阳池法和纳滤法盐湖提锂领域，萃取法的专利数量最多，但失效专利数量也最多；太阳池法存在基础专利失效的情况，而纳滤法存在支撑专利失效的情况。

5.2.5.1.8 小结

从整体上对青海盐湖所盐湖提取技术专利进行比较分析，共筛选出专利146件，包括提取锂资源相关专利69件，其他资源的提取技术77件。本节分别从专利数量、法律、技术等角度，对青海盐湖所目前申请过的专利进行分析。并在态势分析基础上，对青海盐湖所专利进行多维度分类。本章中对其他资源提取利用技术进行分类，着重分析锂资源提取相关专利。分析的69件专利中，包括萃取法、太阳池法、吸附法、纳滤法、电解法、沉淀法、电渗析法和煅烧法8种。并根据起始原料和产品的不同，将69件专利分入不同的操作单元；根据专利技术涉及的方法和重要程度，将专利分为基础性专利、支撑性专利、互补性专利；根据结合技术特点和技术来源的不同，将专利划入不同的研发团队。得到如下结论：

（1）青海盐湖所拥有专利数量较多，相对于国内其他企业，其在盐湖卤水提取锂资源领域数量上占有优势。

（2）青海盐湖所拥有的专利保护领域广泛，涵盖锂提取领域大部分分离技术，如萃取法、太阳池法、吸附法、纳滤法、电解法、沉淀法及电渗析法等，从专利技术重要程度上看，形成从基础到支撑再到互补相对完善的体系。

（3）虽然青海盐湖所专利总数具有优势，但是在具体的提锂方法中，专利数量分布不均。其中，萃取法相关专利数量最多，涉及专利20件；其次是太阳池法，涉及专利16件；第三位是吸附法，涉及专利8件；纳滤法相关专利4件；电解法和沉淀法相关专利都只有2件；电渗析法和煅烧法相关专利最少，均只有1件。从数量比较，纳滤法、电解法、沉淀法、电渗析法和煅烧法申请的专利数量有限，很难实现有效的保护和控制。

（4）进一步将同一方法专利按照操作单元分类，同样发现分布不均匀的现象。即使对于专利数量较多的分离方法，仍有一些技术单元存在专利空白。

（5）再进一步按专利重要程度分级，不难发现各个提锂方法在具体的操作单元中的专利保护层次也有欠缺。目前只有太阳池法盐湖富锂单元形成了较为完整的专利保护层次。

（6）从专利有效性角度分析，部分领域重要专利出现"失效"和"老龄化"现象。如萃取法盐湖提锂领域，2件专利已经失效；纳滤法中基础专利已经维护13年；吸附法中基础专利已经维护14年。

（7）从青海盐湖所整体专利分析，可以发现青海盐湖所大部分专利集中在锂产业的上游，即以工业级碳酸锂为主（锂电池产业链的上游部分），而下游领域几乎没有专利申请，如电池级碳酸锂制备、正极材料的制备等。

5.2.5.2 西部矿业股份有限公司

本节共收录西部矿业股份有限公司专利9件。其中，发明专利4件，实用新型专利5件。如表5-8所示，其中最早1件于2007年1月30日申请，授权后维护5

年，2014 年 3 月 26 日专利权终止。剩下的 8 件专利均在 2012 年 12 月 31 日提出申请。其中，5 件实用新型已经获得授权，3 件发明专利中，CN201210591312.5"一种粉煤灰中浮选镓的方法"；CN201210590728.5"用微波加热从粉煤灰酸浸出镓的方法"已授权，另外一件专利视为撤回。

表 5—8　专利法律状态

序号	专利号	专利类型	标题	法律状态
1	CN200710048404.8	发明	一种从盐湖卤水中联合提取硼、镁、锂的方法	权利终止
2	CN201220746863.X	实用新型	一种铝电解槽悬挂式母线修复铣床 [1]	授权
3	CN201220745956.0		一种铁路线路平板车随车专用吊车 [1]	
4	CN201220745958.X		一种阳极导杆加固装置 [1]	
5	CN201220746023.3		一种氧化铝滚筒给料装置 [1]	
6	CN201220746824.X		一种供暖管道过滤装置 [1]	
7	CN201210591312.5	发明	一种粉煤灰中浮选镓的方法 [1]	
8	CN201210590728.5	发明	用微波加热从粉煤灰酸浸出镓的方法 [1]	
9	CN201210590740.6	发明	一种提高测定金属铅中微量锑的准确度和精密度方法 [1]	视为撤回

注：[1] 2013 年 8—10 月间，先后办理了著录项目变更手续，从原专利权人西部矿业集团有限公司变更为西部矿业股份有限公司。

5.2.5.2.1　技术分析

西部矿业股份有限公司 9 件专利中，与金属提取有关专利 6 件，其中与铝富集相关专利 3 件，主要内容关于铝电解槽、电解槽的导杆加固及滚筒进料方法，均是关于设备保护的实用新型专利；涉及镓相关专利 2 件，均是发明专利，保护从粉煤灰选镓的方法；涉及锂相关专利 1 件，主要保护硼、锂、镁的综合利用。

锂提取技术相关专利分析如下。

从技术方面不难发现，西部矿业股份有限公司目前拥有锂提取技术专利只有 1 件：专利号 CN200710048404.8，"一种从盐湖卤水中联合提取硼、镁、锂的方法"，下面着重对该专利的情况进行详细解读。

专利号 CN200710048404.8，专利名称为"一种从盐湖卤水中联合提取硼、镁、锂的方法"，申请日 2007 年 1 月 30 日。此专利是与中南大学共同申请，发明人包括徐徽、毛小兵、李增荣、石西昌、庞全世、陈白珍、杨喜云、王华伟。该专利于 2009 年 8 月 19 日授权，在维护 5 年后，于 2014 年 3 月 26 日放弃维护。该专利属于单元⑧整体工艺的保护，如图 5—16 所示，同时也包含了单元⑦综合利用技术单元。具体地说是涉及一种以盐湖含硼、镁、锂卤水为原料，采用联合分离提取工艺，分别制取硼酸、氢氧化镁、碳酸锂、氯化铵的一种从盐湖卤水中联合提取硼、镁、锂的方法。本发明方法以经过盐田法浓缩除去大部分钠、钾后的含硼、镁、锂等的卤水为原料，经酸化处理制取硼酸；氨法沉镁；盐田法浓缩；碳酸盐沉镁；二次沉镁母液盐田法浓缩；氢氧化钠溶液深度沉镁；碳酸钠溶液反应法制取碳酸锂。硼、镁、锂回收率分别达到 87%、95%及 92%以上。该方法具有工艺简单、设备投资少、资源利用率高、硼镁锂回收率高、产品质量好、生产成本低、无“三废”等特点，完全符合发展循环经济、改善盐湖生态环境的要求。其工艺流程如图 5—17 所示。

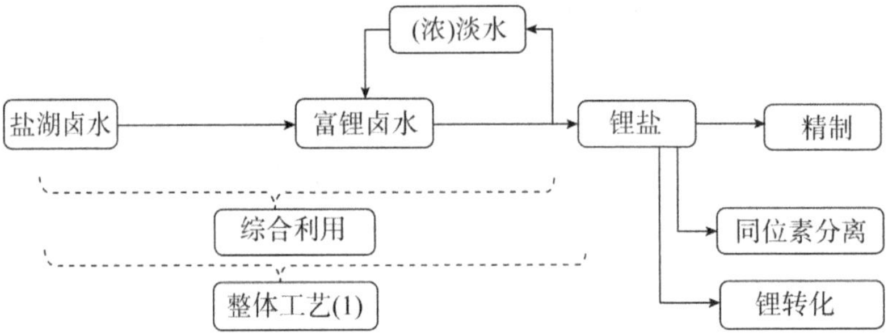

图 5—16　工艺技术路线图

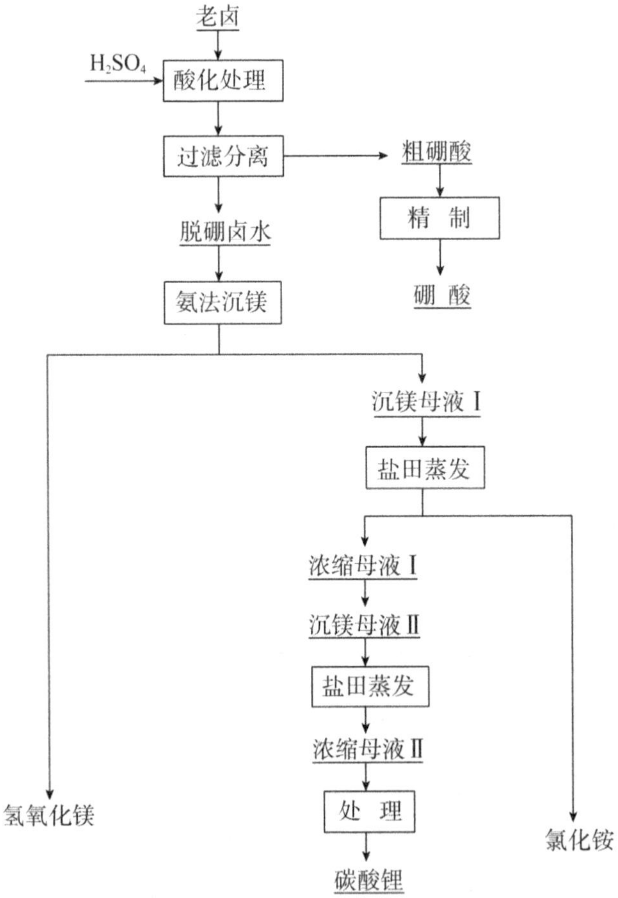

图 5—17　工艺流程图

5.2.5.2.2 小结

西部矿业股份有限公司具有金属富集提取的开发经验,曾经申请卤水中提取锂技术的专利。西部矿业股份有限公司目前有效专利与盐湖提锂技术关联度较低,唯一在卤水提锂技术中申请的发明专利已经失效,且锂资源利用相关业务已经转移。

5.2.5.3 青海锂业有限公司

本节共收录青海锂业有限公司拥有的专利12件,见表5-9。其中,发明专利8件,法律状态分别为,授权5件,撤回3件;实用新型专利4件,权利终止1件。从专利类型分析,该公司发明专利的数量多于实用新型专利,且授权比率较高,说明该公司拥有一定的研发能力。从专利申请年限分析,该公司成立于1998年,从2012年开始进行专利申请,之后几乎每年都有新的专利申请,说明其研发团队正在逐步成熟。同时,该公司专利申请有分批次同时申请的特点,说明该公司的专利申请具有一定的规划性。

表5-9 青海锂业有限公司专利法律状态

序号	专利号	专利类型	标题	法律状态
1	CN201410047103.3	发明	一种回收利用盐湖提锂母液并副产碱式碳酸镁的方法	授权
2	CN201410190549.1		一种盐湖提锂母液回收利用的盐田摊晒方法	
3	CN201310312135.7		碳酸锂生产中净化除镁的自动控制方法[1]	
4	CN201210557214.X		一种利用盐湖卤水制取电池级碳酸锂的方法	
5	CN201210105542.6		利用盐湖提锂母液制取高硼硅酸盐玻璃行业级硼酸的方法	
6	CN201310312138.0		一种碳酸锂生产中碳酸钠溶液的净化方法[1]	撤回
7	CN201310312137.6		一种氯化锂溶液净化除镁的方法[1]	
8	CN201310312134.2		一种碳酸锂生产中纯碱自动计量及输送装置及方法[1]	
9	CN201320441852.5	实用新型	一种粘湿物料给料机[1]	授权
10	CN201620176968.4		一种pH电极清洗装置	
11	CN201620176843.1		一种高浓度物料储存转料装置	
12	CN201320304617.3		一种能自补偿功率因数的整流电源[2]	终止

注:[1]专利权人为青海锂业有限公司与长沙有色冶金设计研究院有限公司。

[2]专利权人为青海锂业有限公司、湘潭电机股份有限公司、长沙有色冶金设计研究院有限公司。

5.2.5.3.1 技术分析

通过人工筛选，排除明显与锂提取无关专利，青海锂业有限公司有7件专利与锂提取技术相关，见表5—10。

表5—10 青海锂业有限公司锂提取相关专利

序号	申请号	申请年份	技术分类	技术特点
1	CN201210105542.6	2012	综合利用	制备硼酸
2	CN201210557214.X	2012	整体工艺	盐湖卤水制备碳酸锂方法
3	CN201310312135.7	2013	富锂提锂	含锂卤水除镁
4	CN201310312137.6	2013	锂盐精制	氯化锂溶液除镁
5	CN201310312138.0	2013	锂盐精制	碳酸钠除杂
6	CN201410047103.3	2014	综合利用	制备碱式碳酸镁
7	CN201410190549.1	2014	综合利用	盐田摊晒方法

如图5—18所示，从卤水到碳酸锂盐全过程整体工艺保护1件，同时伴随其他资源的综合开发利用专利3件，富锂卤水到锂盐制备专利1件，锂盐精制专利2件（视为撤回）。

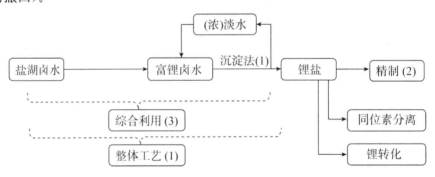

图5—18 工艺技术路线图

（1）青海锂业有限公司2012年申请专利2件，分别是关于盐湖富锂单元和淡水回收单元的保护。

首先申请的是盐湖提锂母液回收利用，用提锂母液制备硼酸，属于盐湖卤水综合利用的专利。

需要关注的是该年年底申请的专利："一种利用盐湖卤水制取电池级碳酸锂的方法"（CN201210557214.X），该专利比较系统全面地描述了从卤水的预处理到最后制取电池级碳酸锂的步骤，是卤水提锂早期经典的技术，包括卤水预处理，镁、锂分离，深度除硫，深度除钙，深度除镁，蒸发浓缩，碳酸化，碳酸锂后处理等步骤。

具体操作为：①卤水预处理。原料卤水自然摊晒浓缩，过滤器除去泥沙、铁杂质，调pH为3～3.5；②镁、锂分离。在电场力作用下，通过选择性分离膜，分离不同价态离子，回收硼、镁离子；③深度除硫：富锂卤水 pH 为 2~3，加入氯化钡，搅拌、过滤除硫；④深度除钙：除硫后的富锂卤水在加热条件下，加入纯碱，搅拌分离；⑤深度除镁：除钙后的富锂卤水在加热条件下，加入片碱，搅拌分离；⑥除镁后的富锂卤水调 pH 在 6.5~7 之间，蒸发浓缩 3~4 倍；⑦浓缩后的富锂卤水加热，加入纯碱，得粗碳酸锂；⑧粗碳酸锂浆洗，离心洗涤，干燥冷却，得电池级碳酸锂。为保证纯碱在处理过程中不引入杂质，需对纯碱进行预先净化处理。

（2）青海锂业有限公司 2013 年 7 月 24 日，同时提出 3 件专利申请，2 件是关于锂盐精制的保护，包括氯化锂溶液除镁、碳酸钠除杂。

另 1 件专利主要保护在技术单元富锂提锂中，利用自动化装置脱除镁的方法。具体操作如下。

含锂卤水除镁技术主要保护富锂卤水与氢氧化钠在多台带有夹套的反应釜间的反应，该反应可以提供控制系统自动控制，实现自动化生产；氯化锂溶液除镁：主要保护氯化锂与氢氧化钠反应后，两次过滤体系，经过该体系后，溶液中镁的浓度降至 2 ppm 以下；碳酸钠除杂：主要保护在与氯化锂反应生成碳酸锂沉淀前，对碳酸钠溶液的净化处理，与氯化锂溶液除镁相似，通过加入氢氧化钠，两次过滤体系，除去碳酸钠中的钙、镁离子。

（3）青海锂业有限公司 2014 年申请了 2 件淡水回收单元相关的专利，其中之一首先利用提锂母液分离镁离子，生成碱式碳酸镁，把高镁锂比母液降低为低镁锂比富锂卤水，再制备碳酸锂。另一件专利则是把传统提锂之后的废弃母液与不同季节下的卤水勾兑后，进行盐田摊晒浓缩后转化成生产碳酸锂的原料卤水，是一种间接的提高盐湖锂资源利用率的方法，而且通过兑卤改变了盐田卤水的结晶路线，晒制了可以用于生产钾镁肥和氯化钾的优质硫混矿和钾混矿。

从技术角度分析，该公司重点保护两类技术：首先，关注工艺过程中的母液回收利用，即提高工艺附加值。其次，关注于碳酸锂精制过程，即提高电池级碳酸锂产品的品质。从这两个特点可以合理推测，该公司正在尝试开展盐湖提锂产业化开发工作。

5.2.5.3.2 合作企业

从青海锂业有限公司申请专利的专利权人角度分析，该公司曾与长沙有色冶金设计研究院有限公司、湘潭电机股份有限公司开展过合作。

在 2013 年，与长沙有色冶金设计研究院有限公司合作申请 6 件专利，包括 2 件实用新型，主要保护相关设备，其中"一种能自补偿功率因数的整流电源"专利权已终止，"一种粘湿物料给料机"还在维护中。另外 4 件发明专利申请中，"关于碳酸锂生产中净化除镁的自动控制方法"已经授权 1 件，其他 3 件专利申请"一种碳酸锂生产中纯碱自动计量及输送装置及方法"，"一种碳酸锂生产中碳酸钠溶液的净化方法"，"一种氯化锂溶液净化除镁的方法"已撤回。长沙有色冶金设计研究院有

限公司与青海锂业有限公司合作主要是针对一些设备或者工艺特需产品的定制开发。

值得注意的是,青海锂业有限公司与其他企业合作申请的 6 件专利中,只有 2 件专利授权,其他 4 件专利中,3 件专利视撤、1 件专利的专利权终止。

5.2.5.3.3　小结

青海锂业有限公司从 2012 年开始申请专利保护,专利申请数量较少,说明该公司开展盐湖提锂研究工作相对于青海盐湖所较晚,研发团队目前正处于成长阶段。

该公司专利包含的技术相对集中,在分离过程中重点关注沉淀法的保护,尤其是在盐湖卤水提取资源综合利用方面拥有 3 件专利。虽然属于盐湖提锂的支线技术,对锂提取主要工艺路线影响不大,但是可以成为锂提取工艺路线保护中有益的补充。

该公司 2012 年开始主要与长沙有色冶金设计研究院有限公司合作申请专利,从专利内容中可以发现,双方合作主要基于设备、自动化控制领域。

5.2.5.4　青海盐湖工业股份有限公司

青海盐湖工业股份有限公司拥有中国专利申请 71 件,其中发明申请 36 件,授权 13 件;实用新型 35 件。该公司实用新型专利较多,主要涉及设备或系统的保护,且发现其有发明专利与实用新型专利同时提出申请的情况。即当一个技术方案同时满足发明专利和实用新型专利的申请条件时,用实用新型专利作为保底专利,在实用新型专利授权的基础上争取获得发明专利授权。此种专利申请策略,实用新型专利先授权,当发明专利通过实审后,国家知识产权局会下达通知,要求申请人放弃已经获得的实用新型专利权,进而授予发明专利的专利权。青海盐湖工业股份有限公司为保证获得专利权,有 6 项技术采取发明专利和实用新型专利同时申请策略,分别申请了 6 件发明专利和 6 件实用新型专利。一般情况下,只有较为重要的专利才会采取这一申请策略。因此,可以认为这 6 组专利保护的技术对于专利权人十分重要,但同时也显示出专利权人对专利所保护内容是否能够满足发明专利新颖性和创造性的要求信心不足。

5.2.5.4.1　技术分析

青海盐湖工业股份有限公司目前申请的 71 件专利涉及技术领域较广,只甄选其中 41 件与金属提取或制备有关专利进行进一步分析,涉及钾提取、通用性技术、镁生产利用、钙生产利用、钠生产利用、聚乙烯生产、聚氯乙烯生产、光卤石生产利用、锂提取、综合利用和氯化氢合成等领域(图 5-19)。所列举的专利中关于钾提取的专利最多,共 15 件,其中氯化钾生产、干燥专利 3 件;通过浮选法提取钾专利 4 件;关于离心交换器设备等专利 3 件;盐湖、尾矿开采专利 2 件;其他相关 3 件专利为通过硝酸和氯化钾合成硝酸钾,关于钾肥生产的比重壶,以及关于钾生产中的耐高温溜槽。

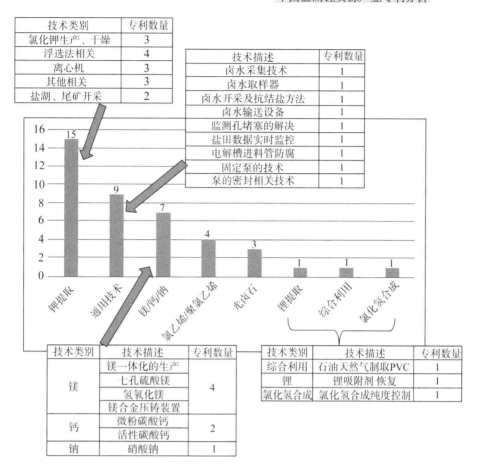

图 5-19　技术分类

通用技术共有 9 件专利，具体技术描述如图 5-19 所示。值得关注的是，其中 5 件关于卤水的采集、取样、抗结盐、输送和孔堵塞的专利，可以应用在卤水资源提取过程中，属可划入卤水提锂的配套技术范围，在工业化生产中也可能会使用。

关于其他金属制备相关专利共有 7 件，其中 4 件涉及镁金属，主要关于镁一体化的生产、七孔硫酸镁的制备、氢氧化镁的制备、镁合金压铸装置；2 件涉及钙金属，为微粉碳酸钙的制备、活性碳酸钙的制备；1 件涉及钠金属，为硝酸钠的制备。

聚氯乙烯生产专利 2 件，氯乙烯水分测定专利 1 件，氯乙烯原料气体混合装置专利 1 件；光卤石专利 3 件，光卤石水解生成氯化钾结晶器、光卤石分解测定、光卤石给料机；综合利用专利 1 件，主要为以氯化钾、天然气为原料实现资源综合利用的生产系统及方法；关于锂提取专利 1 件，涉及吸附法提取锂中吸附剂的恢复；氯化氢合成纯度控制专利 1 件。

青海盐湖工业股份有限公司目前只有 1 件锂提取相关专利（图 5-20），根据本书技术分类，其专利属于单元⑧整体工艺的保护，其采用的提锂方法为吸附法。但分析其内容，其专利保护重点在于吸附剂解析回收工艺，属于边缘化技术。

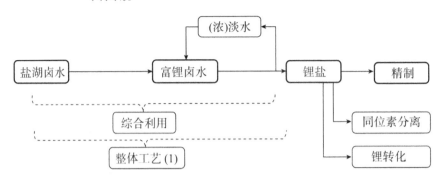

图5—20　工艺技术路线

2014年12月3日申请，2016年8月24日授权，"一种恢复锂吸附剂性能的方法"，专利号CN201410725724.2，发明人王文海、邢红、朱红卫等。本发明公开了一种恢复锂吸附剂性能的方法，首先将铵盐与无机盐的水充分混合、搅拌形成铵盐溶液原液，将所述铵盐溶液原液与所述无机盐的水充分混合配制成浓度为$100\sim150\ \mathrm{kg/m^3}$的第一铵盐溶液；然后将体积比为（$50\sim240$）：1.0的所述无机盐的水溶液与所述第一铵盐溶液相混合配制成浓度为$0.6\sim2.0\ \mathrm{kg/m^3}$的第二铵盐溶液；最后将所述第二铵盐溶液与吸附饱和的所述锂吸附剂分级对流经过符合工艺要求的停留时间，直至所述锂吸附剂在解析其吸附的氯化锂的同时，使其自身的吸附性能得到恢复，同时抑制污染锂吸附剂无机盐的形成。

5.2.5.4.2　合作企业

合作企业及相关技术见表5—11。青海盐湖工业股份有限公司有较多的合作伙伴，共与5家单位共同申请专利，其中包括清华大学、华东理工大学、河北科技大学三所高校。一方面，说明该公司有与科研团队合作的经验；另一方面，说明合作的技术相对基础，可能需要进一步孵化。而光卤石技术是与化工部长沙设计研究院合作，说明该技术已经相对成熟。

目前，青海盐湖工业股份有限公司未与其他单位开展锂提取技术领域合作。

表5—11　合作企业及相关技术

序号	合作单位	专利技术
1	化工部长沙设计研究院	光卤石技术
2	华东理工大学	氢氧化镁生产中回收氯化钠
3	四川天一科技股份有限公司	净化电石炉尾气的吸附方法
4	河北科技大学	分解氯化铵的方法
5	清华大学	制备硝酸钾的方法

5.2.5.4.3　小结

青海盐湖工业股份有限公司专利总量较大，涉及类别较广。合作伙伴较多，既包括科研团队、设计单位，也包括企业。显然，拥有多层面合作经验，具有较强的技术规划整合能力。

其中锂提取相关专利1件，是单元⑧整体工艺的保护，主要针对吸附法的吸附剂解吸技术，定位于吸附法，技术重点在于吸附剂活化再利用。说明该公司更倾向于吸附法提取锂。但是，专利数量较少，同时没有相对核心技术，未形成完整的技术保护体系。该公司的技术发展仍需进一步关注。

值得注意的是，该公司在专利申请过程中，将逐步拥有一系列通用的辅助技术专利，如卤水的采集、取样、输送、防止孔堵塞等技术。虽然该类型技术没有直接保护卤水提锂技术，但是在实际生产工艺中，很可能涉及相关技术。

该公司同时申请6件发明专利和6件实用新型专利，可能为该公司关注的重要技术方向，可持续关注。

5.2.5.5 青海盐湖佛照蓝科锂业股份有限公司

本节共收录青海盐湖佛照蓝科锂业股份有限公司5件专利，均为发明。目前，授权的2件专利均经过相对复杂的专利权转让过程获得，关于两件专利的具体转让过程见图5-21；实审中专利3件，与华陆工程科技有限责任公司共同申请。

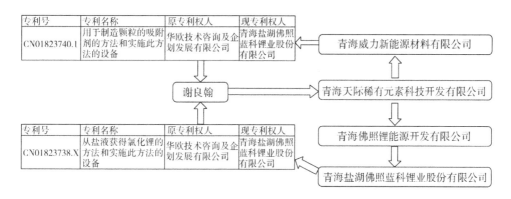

图5-21 专利权人转让关系图

结合青海盐湖佛照蓝科锂业股份有限公司的组织架构，和图5-21所公开的专利权转让信息，可以推测该公司获取这两件专利权的目的是完成公司股权架构设计，使得重要的技术持有人获得足够的激励。而两件专利相关的技术方向，吸附法是其重点发展的技术方向。

5.2.5.5.1 技术分析

青海盐湖佛照蓝科锂业股份有限公司目前的5件专利均为锂提取相关专利，按照时间顺序排列，具体技术类别、技术描述和具体步骤如表5-12所示；通过专利权转让获得的2件华欧技术咨询及企划发展有限公司申请的专利，主要涉及吸附锂的固体吸附剂，2件专利主要保护吸附剂的结构、卤水提取氯化锂的应用以及相关设备。在分析过程中将这两件专利分入技术单元⑧整体工艺中（图5-22）。

2015年与华陆工程科技有限责任公司共同申请2件专利。1件技术关于氯化锂溶液除镁，属于技术单元③锂盐精制的保护，该专利特点在于用除镁后的氯化锂溶液代替水，循环使用；另1件专利是关于氯化锂与碳酸钠反应制备碳酸锂，侧重于锂的转化。

2016年继续与华陆工程科技有限责任公司合作，申请的专利利用树脂吸附氯化锂溶液中的硼，及硼如何解吸、分离，属于锂的精制过程。

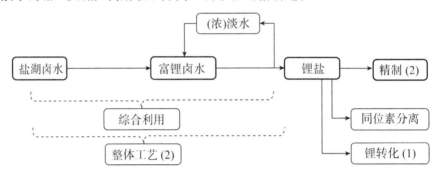

图5-22 技术路线

表5-12 具体技术类别、技术描述和具体步骤

序号	专利号	专利名称	技术类别	技术描述
1	CN01823740.1	用于制造颗粒的吸附剂的方法和实施此方法的设备	吸附	颗粒吸附剂的制备
2	CN01823738.X	从盐液获得氯化锂的方法和实施此方法的设备	吸附	从盐液中吸附氯化锂
3	CN201510672436.X	一种节水的氯化锂溶液除镁工艺[1]	精制	用除镁后的氯化锂溶液代替水，循环使用
4	CN201510726061.0	一种碳酸锂生产中沉锂母液闭环回收的方法[1]	转化	除杂稳定，每个杂质都有出口
5	CN201610086174.3	一种氯化锂溶液深度除硼的方法[1]	精制	吸附硼的树脂

注：[1]专利权人为华陆工程科技有限责任公司与青海盐湖佛照蓝科锂业股份有限公司

从专利保护技术角度分析，青海盐湖佛照蓝科锂业股份有限公司申请的专利技术主要集中于技术单元⑦综合利用、⑤锂盐转化和单元③锂盐精制中，结合目前的专利申请过程，该公司力争在吸附法中获得技术突破。但是就专利保护的技术方面分析，只是在相对后段技术以及配套技术方面获得进展，还未完成整体工艺的技术保护。

5.2.5.5.2 主要发明人团队

与华欧技术咨询及企划发展有限公司共同申请的专利，发明人中包含王文海与邢红，这两人均是青海盐湖工业股份有限公司中关于锂提取专利的发明人，由此可见，青海盐湖工业股份有限公司把与锂提取相关的技术和研发团队均放入了青海盐湖佛照蓝科锂业股份有限公司进行运作和管理。

5.2.5.5.3 合作企业

除通过专利权多次转让获得了华欧技术咨询及企划发展有限公司的 2 件发明专利外，其他 3 件专利均是与华陆工程科技有限责任公司共同申请的。华陆工程科技有限责任公司，是国务院国资委下属的中国化学工程股份有限公司的全资子公司，创立于 1965 年，前身是化工部第六设计院。在石油和天然气化工、煤化工、精细化工、材料能源、基础设施等业务领域，通过整合全球资源，先后完成了多项大中型建设项目，设计产品 200 多种，新工艺、新技术开发 100 多项，拥有专有技术和专利技术 80 多项。

5.2.5.5.4 小结

青海盐湖佛照蓝科锂业股份有限公司专利总量较小，但技术较为集中，5 件专利全部集中于锂资源的提取。从专利技术内容分析，该公司一直关注于吸附法提取锂技术领域，虽然专利保护范围属于技术单元⑧整体工艺，但是技术特点是吸附法中吸附剂的制备及其应用；另外还包括技术单元③锂盐精制、技术单元⑤锂盐转化的相关专利。

虽然青海盐湖佛照蓝科锂业股份有限公司采用的技术是吸附法，但是采用的是截然不同的吸附体系，因此在配套技术和工艺方面存在着较大的差异，属于竞争型技术，应持续关注该公司的技术发展情况。

5.2.5.6 青海中信国安科技发展有限公司

本节收录青海中信国安科技发展有限公司从 2003 年至 2012 年申请的专利共 21 件。其中，发明专利 20 件，已授权 12 件，实用新型专利 1 件。与其他专利权人不同，该公司专利申请时间较早，从 2003 年至 2009 年每年都有专利申请，2005 年专利申请量最大，共申请 7 件专利。而在 2009 年之后，只有在 2012 年申请了 1 件专利，而近几年都没有专利申请。

5.2.5.6.1 技术分析

排除明显与金属提取无关的 1 件专利，对剩下 20 件专利进行技术分类。如表 5—13 所示，其中涉及硫酸钾镁肥的技术有 5 件专利申请；钾相关专利 4 件，其中硫酸钾制备 3 件，氯化钾制备 1 件；镁相关专利 5 件，技术点覆盖较广，涉及氢氧化镁、氧化镁、硼酸镁晶须、金属镁和氯化镁除硼五个方面；硼酸的制备有 2 件专利申请；碳酸锂制备相关专利 3 件；无水氯化锂合成相关专利 1 件。

表 5-13 技术分类表

技术分类		专利号	专利数量
硫酸钾镁		CN03154199.2	5
		CN03157856.X	
		CN200810135849.4	
		CN201210323040.0	
		CN200510085831.4	
钾相关	硫酸钾	CN03154200.X	3
		CN200510091868.8	
		CN200510091865.4	
	氯化钾	CN200510085833.3	1
镁相关	氢氧化镁	CN200710103127.6	1
	氧化镁	CN200610167768.3	1
	硼酸镁晶须	CN200610008483.5	1
	氯化镁除硼	CN200810135852.6	1
	金属镁	CN200410100951.2	1
硼酸相关		CN200510085830.X	2
		CN200910138814.0	
锂相关	碳酸锂	CN200510085832.9	3
		CN200510085645.0	
		CN200920149121.7	
	氯化锂	CN200710137549.5	1

5.2.5.6.2 技术分析（图5-23）

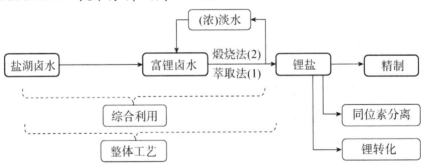

图 5-23 技术路线图

本小节重点针对锂提取 4 件专利展开分析，其中 2009 年申请的专利 CN200920149121.7，"生产电池级碳酸锂的加料液体分布器"，为实用新型专利，是关于一种加料器的设备保护专利。其余 3 件专利见表 5-14。

　　2005 年申请的两件专利从高镁锂比卤水出发，经过一系列步骤后，得到盐酸、镁的化合物和碳酸锂，属于卤水资源的综合利用，主要思路是先除掉其他杂质，最后用纯碱把锂盐沉淀为碳酸锂，这 2 件专利申请年限较早，目前还在维护，维护期较长（超过 10 年），可见其重要性；2007 年申请的专利从低镁高钾钠含氯化锂卤水出发，除掉其他金属杂质后，用萃取剂萃取氯化锂，适于制备高纯氯化锂，2007 年技术是对 2005 技术的延伸，更加关注产品的后处理，目前该专利已视为撤回，近年无新专利申请。早期研发团队为杨建元、夏康明，2007 年李陇岗、吴小王加入该团队。

表 5-14　专利工艺特点介绍

序号	专利号	专利名称	法律状态	源头	步骤	产品
1	CN200510085832.9	用高镁含锂卤水生产碳酸锂、氧化镁和盐酸的方法	授权	高镁锂卤水	喷雾干燥	
					煅烧	盐酸
					加水洗涤	高纯氧化镁
					蒸发浓缩	
					沉淀	碳酸锂
2	CN200510085645.0	一种生产高纯镁盐、碳酸锂、盐酸和氯化铵的方法	授权	高镁锂卤水	氨化反应	
					过滤一	氢氧化镁
					蒸发除水	
					过滤二	氯化铵
					煅烧	盐酸
					洗涤脱水	碳酸锂
					干燥	氧化镁
3	CN200710137549.5	一种高纯无水氯化锂的制备方法	撤回	低镁高钾钠含氯化锂卤水	沉淀	除镁、硫酸根
					碳酸钠	除镁、钙、钡
					蒸发过滤	除钾、钠
					萃取	高纯无水氯化锂

　　从技术角度分析，青海中信国安科技发展有限公司申请的专利主要保护煅烧法和沉淀法，没有保护从盐湖卤水到富锂卤水的分离过程，但分离过程中倾向于多种资源的综合开发利用。

　　该公司关于锂提取的相关技术申请时间较早，近年没有相关专利申请，已申请的专利没有涉及从盐湖直接提取锂的工艺或方法，倾向于资源的综合开发利用。

5.2.5.6.3　小结

青海中信国安科技发展有限公司专利延续性较强，专利申请时间从 2003 年至 2012 年，且专利申请进程基本与公司发展进程同步，说明该公司具有一定的研发实力。

该公司技术涉及钾、镁技术较多，提取锂的技术集中于煅烧法、沉淀法。煅烧法属于较早开发的技术，虽然技术比较成熟，但是技术存在一定的缺陷，该公司近几年没有明显的技术变化。

从技术角度分析，目前该公司拥有的专利属于单元⑧整体工艺的保护，2件专利都是关于煅烧法。该公司目前没有在单元①盐湖富锂中申请专利。

值得注意的是该公司在2007年尝试申请利用萃取纯化氯化锂专利，但是未能获得授权。可以继续关注后续技术保护情况。

5.2.5.7 青海恒信融锂业科技有限公司

本节共收集青海恒信融锂业科技有限公司2件发明专利，都已获得授权，分别是2015年7月31日由专利权人马迎曦转让给青海恒信融锂业科技有限公司的，马迎曦同时为该专利的发明人；另1件该公司自行申请，于2017年8月1日授权，专利基本信息见表5-15。

表5-15　专利基本信息介绍

序号	专利号	专利名称	法律状态
1	CN201510392024.0	从盐湖卤水中提取锂的方法	授权
2	CN201310496057.0	基于镁锂硫酸盐晶体形态及密度和溶解度差异的镁锂分离工艺	授权

5.2.5.7.1 技术分析（图5-24）

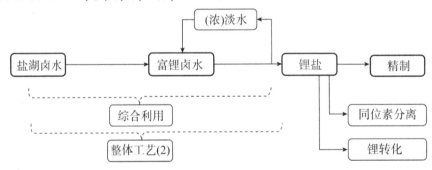

图5-24　技术路线图

2013年，专利"基于镁锂硫酸盐晶体形态及密度和溶解度差异的镁锂分离工艺"主要从镁、锂盐的晶体形态、密度、溶解度三个方面的差异，进行镁锂分离，包括以下步骤：首先使卤水中的硫酸根浓度增大到促使硫酸盐结晶；基于利重介质重选原理用密度差实现镁锂分离；然后利用溶解度差异分离出部分镁盐；最后采用纯碱沉锂得到碳酸锂产品。本发明完全不需要喷雾干燥和煅烧程序，极大地减少了能源的消耗，可以降低70%的生产成本，且工艺流程简单，不会因流程复杂造成产品质量难以控制，而且环保无污染。该专利属于沉淀法卤水提锂。

2015年，专利CN201510392024.0，"从盐湖卤水中提取锂的方法"为该公司重要专利，主要通过分离膜进行镁锂分离，与传统纳滤膜分离镁锂相比，本发明提供了一种结合化学药剂法、物理除杂法、纳滤膜分离法、浓缩膜法等方法的综合性锂离子提取方法，通过化学药剂法、物理除杂法等分离方法，在膜分离前预先除去盐湖卤水中存在的大部分杂质离子，为膜分离创造了良好的条件，大大提高了膜分离的效率，优化了分离效果，提取锂可达到电池级纯度，分离过程中的膜污堵问题也得到解决。该专利包含四个实施例，第一个为一般步骤，实施例二对其中的单元操作更为细化，实施例三对每个单元操作后的淡液进行回收，反复循环，提高资源的开发力度，实施例四是对前几个实施例的优化，加入了助滤剂和络合剂。助滤剂的作用在于防止滤渣堆积过于密实，使过滤顺利进行；络合剂的作用是与钙、钡、锶等络合，防止硫酸钙、碳酸钙、硫酸锶、硫酸钡等在膜表面结垢，对膜造成破坏，该专利属于纳滤膜法卤水提锂。

5.2.5.7.2　小结

青海恒信融锂业科技有限公司专利总量较少，但所有专利均为提取锂的技术，而且是从盐湖卤水到碳酸锂盐全过程整体工艺保护，除早期转让得到的关于沉淀法提锂的专利，该公司目前技术研究的重点在于纳滤膜法提锂。

5.2.5.8　西藏国能矿业发展有限公司

本节共收录西藏国能矿业发展有限公司专利17件，其中发明专利16件，实用新型专利1件，授权17件。申请年份分别为，2012年申请2件，2013年申请7件，2014年申请2件，2016年申请6件。其中除2012年最早申请的2件专利，剩下的15件专利均为与青海盐湖所董亚萍团队合作的共同申请。专利基本信息见表5-16。

表5-16　专利基本信息介绍

序号	专利号	专利名称	法律状态
1	CN201210036645.1	从盐湖卤水中提取锂、镁的方法	授权
2	CN201210425557.0	一种从盐湖卤水中提取碳酸锂的方法	授权
3	CN201310573838.5	利用自然能从混合卤水中制备钾石盐矿的方法	授权
4	CN201310573972.5	利用自然能从混合卤水中制备锂硼盐矿的方法	授权
5	CN201310573923.1	利用自然能从混合卤水中制备硫酸锂盐矿的方法	授权
6	CN201310572377.X	利用自然能从混合卤水中提取Mg、K、B、Li的方法	授权
7	CN201310571632.9	利用自然能从混合卤水中制备硼矿的方法	授权

续表

序号	专利号	专利名称	法律状态
8	CN201310572237.2	利用自然能从混合卤水中制备光卤石矿的方法	授权
9	CN201310572330.3	利用自然能从混合卤水中提取 Mg、K、B、Li 的方法	授权
10	CN201410704667.X	一种利用碳酸镁粗矿制备高纯氧化镁的方法	授权
11	CN201410704599.7	一种利用碳酸镁粗矿制备高纯氧化镁的方法	授权
12	CN201610212861.5	从高原碳酸盐型卤水中快速富集锂的方法	授权
13	CN201610212584.8	从高原碳酸盐型卤水中制备高纯度碳酸镁的方法	授权
14	CN201620283368.8	温棚池	授权
15	CN201610212616.4	从高原碳酸盐型卤水中制备碳酸锂的方法	授权
16	CN201610212760.8	从高原碳酸盐型卤水中制备碳酸锂的方法	授权
17	CN201610212434.7	从高原碳酸盐型卤水中制备硼砂矿的方法	授权

5.2.5.8.1 技术分析

该公司所有专利均与锂提取技术相关，主要侧重太阳池法提锂。技术发展按照时间和研究关注点分为 4 个阶段。

阶段一：2012 年，共申请专利 2 件，是该公司到目前为止，唯一自主研发申请的两件专利。其中：

2012 年 2 月 17 日申请的发明专利"从盐湖卤水中提取锂、镁的方法"，以高镁锂比的盐湖卤水和含锂的碳酸盐型盐湖卤水为原料，成功获得了高品质的碳酸锂产品和碱式碳酸镁产品。主要解决高镁锂比的盐湖卤水中镁锂难以分离的问题以及含锂的碳酸盐型盐湖卤水中锂难以富集的问题，是 2013 年 7 件专利申请的基础，具体工艺流程如图 5—25 所示。

2012 年 10 月 31 日申请的专利，"一种从盐湖卤水中提取碳酸锂的方法"，是在原有技术基础上的进一步优化和改进，工艺流程如图 5—26 所示：在硫酸盐型盐湖卤水与碳酸盐型盐湖卤水混合之前，先对碳酸盐型盐湖卤水进行预处理，增加了低温冷冻的步骤，进行进一步除杂分离，然后再进行两种卤水混合、镁和锂的分离、剩余卤水循环利用、再混合、再分离，有助于能源的综合利用与开发。

阶段二：该阶段专利 7 件，申请日均为 2013 年 11 月 15 日，专利权人为中国科学院青海盐湖所及西藏国能矿业发展有限公司，其主要区别见图 5—27。

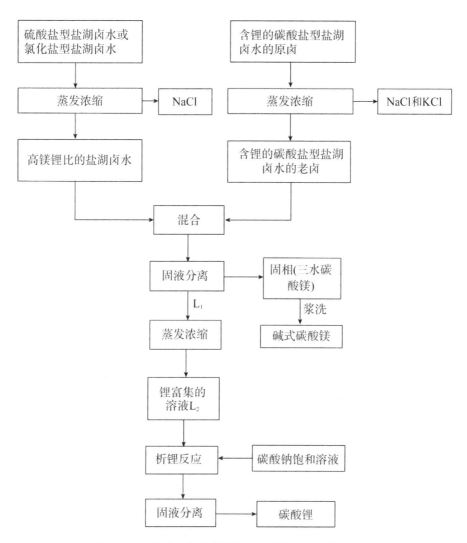

图 5—25　从盐湖卤水中提取锂、镁的方法工艺流程图

共同申请的 7 件专利的区别在于：

其中 1 件在析出钾石盐得到卤水 G 后将卤水导入第二冻硝池，经太阳池得粗碳酸锂，再经降温池得硼砂；另外 1 件专利利用卤水 F 导入钾盐池后，自然蒸发，得到钾石盐矿；剩余 5 件专利是针对同一工艺路线的不同阶段工艺的细化与延伸，以 CN201310572330.3 作为工艺起点，在析出钾石盐得到卤水 G 后将卤水导入第二芒硝池，经太阳池得粗碳酸锂，再经降温池得硼砂；其余 4 件专利是在该专利保护技术的基础上的后续工艺，即在卤水 G 中加入高镁卤水得富硼锂卤水 H，CN201310571632.9 直接从富硼锂卤水 H 得到硼砂；CN201310573972.5 富硼锂卤水 H 经蒸发池得硫酸锂粗矿和富硼卤水，富硼卤水再制得硼矿和卤水 K；CN201310573923.1 首先去除富硼锂卤水 H 中的硼，再将剩余卤水处理得到锂盐矿；CN201310572377.X 将得到锂盐矿的剩余卤水返回富硼锂卤水 H 中并在循环中收集溴和碘。

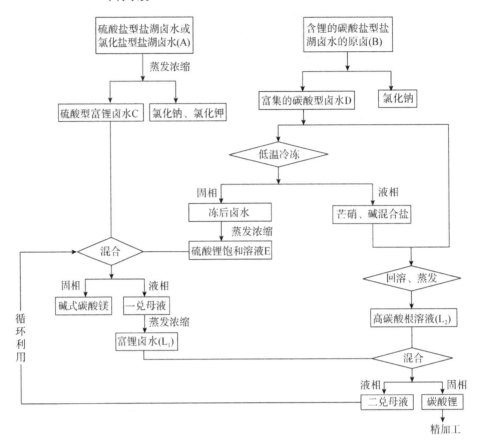

图 5-26　一种从盐湖卤水中提取碳酸锂的方法工艺流程图

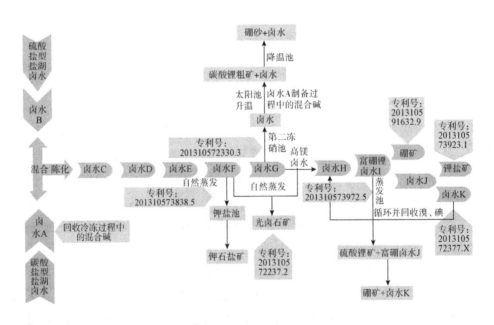

专利申请日2013年11月5日

图 5-27　第二阶段专利保护工艺流程图

阶段三：该阶段专利数量为2件，申请日均为2014年11月27日，专利权人为青海盐湖所及西藏国能矿业发展有限公司，其保护内容主要为由碳酸镁粗矿制备高纯氧化镁的方法，属于镁盐精制。

阶段四：该阶段专利数量6件，其申请日均为2016年4月7日，专利权人为青海盐湖所及西藏国能矿业发展有限公司，具体区别见图5-28。其中1件实用新型专利主要保护涉及卤水开发和提取的装置，属于对太阳池法的改进。

其余5件专利申请日均为2016年4月7日，专利权人为中国科学院青海盐湖所及西藏国能矿业发展有限公司。其区别在于，CN201610212861.5的最终产物为富锂碳酸盐卤水，其余4件专利在此基础上，将富锂碳酸盐卤水导入升温系统制得碳酸锂精矿，CN201610212616.4的最终产品即为碳酸锂精矿（品位60%以上）；CN201610212584.8向剩余卤水中加入高镁卤水经陈化得碳酸镁盐矿；CN201610212434.7将卤水C处理后得卤水D和混盐I，再将其混盐I与淡水或稀卤水混合制得硼砂矿；CN201610212760.8将卤水D处理得第二批锂精矿和卤水E，卤水E返回深池盐田进行循环处理。

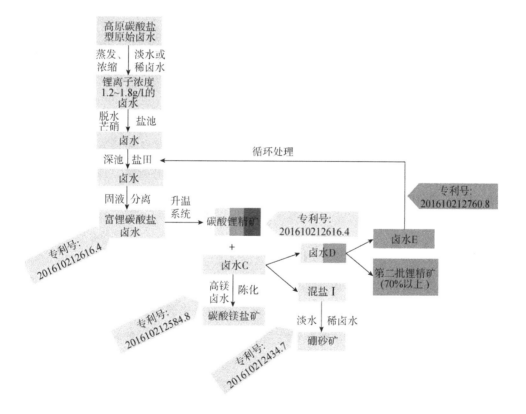

图5-28　第四阶段专利保护工艺流程图

5.2.5.8.2 小结

西藏国能矿业发展有限公司专利总量虽然不是最多，但14件专利均为提取锂的技术，如图5-29所示，关注点在于从盐湖卤水到碳酸锂盐整体工艺保护，在碳酸盐型卤水与硫酸盐型卤水混合后通过太阳池法提锂；2件关于锂转化的专利。西藏国能矿业发展有限公司虽然其专利数量上占有一定优势，但其方法的使用受到限制，碳酸盐型盐湖主要在西藏地区，而青海地区的盐湖主要是硫酸盐型，同时，该公司有大量与青海盐湖所共同申请的专利，而该公司单独申请的专利中，权利要求中明确限定卤水为碳酸盐型卤水。

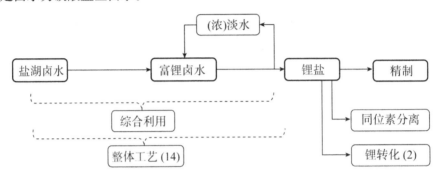

图5-29 技术路线

5.2.5.9 中国科学院上海有机化学研究所

5.2.5.9.1 总体情况介绍

中国科学院上海有机化学研究所（以下简称上海有机所）与锂相关专利申请共6件，均为发明专利，授权4件，失效1件。其中授权4件专利是与青海盐湖所李丽娟合作申请，通过萃取方法从含锂卤水中提取锂，单独申请的2件是关于锂同位素的分离，目前均在实质审查中，其中1件是关于萃取剂的保护，另外1件是锂同位素萃取分离的方法研究。

5.2.5.9.2 具体技术介绍

主要针对与青海盐湖所合作的4件专利展开分析。2012年总计4件专利，专利权人为青海盐湖所及上海有机所，其中1件专利的转相剂用碱金属氯化物或碱土金属氯化物替代了传统的纯碱，在不消耗碱的前提下实现有机相的转相，而且此种转相剂在萃取锂的过程中可以得到，降低了生产成本，还可避免Fe^{3+}的水解，提高有机相的利用率。其余3件的申请日为同一天，其萃取剂为酰胺类化合物和中性磷氧类化合物，区别在于酰胺类化合物的结构不同，具体见表5-17。

表 5—17　3 件共同申请专利列表

序号	专利申请号	专利名称	申请日期	酰胺类化合物结构
1	CN201210464058.2	萃取法从含锂卤水中提取锂盐的方法	2012—11—16	
2	CN201210164150.7	采用萃取法从含锂卤水中提取锂盐的方法	2012—05—24	
3	CN201210164150.7	从含锂卤水中提取锂盐的方法	2012—05—24	

5.2.5.9.3　小结

上海有机所有 6 件关于锂提取萃取剂的专利，其中 4 件与青海盐湖所共同申请的专利侧重于萃取剂及萃取体系的研究，应用于提锂整体工艺；2 件专利关注锂同位素分离萃取剂的研究，如图 5—30 所示。上海有机所的萃取剂专利由于是与青海盐湖所共同申请，两方均可使用；其没有其他关于提锂萃取剂的专利。

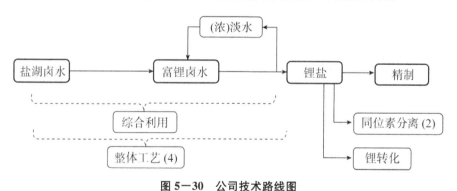

图 5—30　公司技术路线图

5.2.5.10　专利技术分布特点分析

综合上述专利权人的专利技术分布特点，绘制锂提取的专利分布对比如图 5—31 所示。

经过对比不难发现有 3 个技术单元是青海盐湖所特有。

（1）青海盐湖所在盐湖富锂技术单元专门申请 15 件专利，主要是按照不同的提锂方法，对盐湖卤水先进行一般的杂质去除，然后进行除硼、除镁等，有的专利把杂质均去除，有的会留下一种杂质，形成富锂卤水、富硼锂卤水或者是富镁锂卤水，这个阶段的专利是对盐湖卤水的预处理，而公司大多把该技术单元嵌入到盐湖提锂

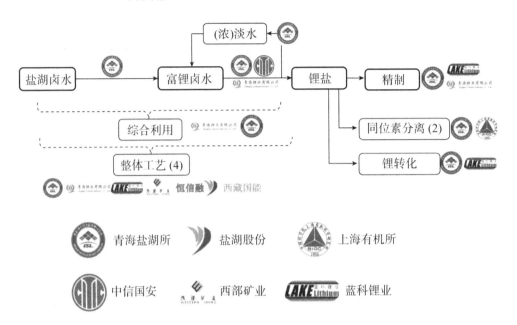

图 5—31　专利分布对比分析图

全过程中而非单独申请，在保护的力度和范围上有所缺失，青海盐湖所的专利策略更为适合。

（2）青海盐湖所另一特色技术是提锂后的母液循环利用，经多次富集、反复提锂的过程，最大限度地提取盐湖中的锂资源；另外，母液的循环使用，可以代替水起到稀释作用，能进一步节省资源。

（3）在萃取法的整体工艺中，青海盐湖所拥有萃取剂专利，处于技术核心地位，主要都是对其早期提出的萃取体系的改进，是其他公司所不具备的。

目前受到普遍关注的技术单元集中在以下几个方面。

（1）在资源综合利用方面，企业是对中间产生的废弃卤水进行富集，并从中分离出有用的物质，实现卤水的高值化，既解决了废弃物的处理问题，又实现了资源的最大程度的富集和利用，并对该部分技术专门申请专利。

（2）锂盐精制是企业十分关注的技术单元，青海盐湖所虽然只有 2 件专利，但是保护的技术从粗碳酸锂制备纯度高达 99.9%～99.99% 的高纯碳酸锂（该产品是电池正极的原料）。企业在这部分的专利主要侧重于从锂的盐溶液中去除某种杂质。

（3）在整体工艺的保护技术单元，青海盐湖所共有 33 件专利保护全过程提取工艺，涉及的提取方法比较全面，包括沉淀法、电解法、纳滤法、吸附法、太阳池法、萃取法，其中部分专利保护方法在该分离领域具有核心地位；企业在这一块技术上具有 25 件专利申请，主要集中在沉淀法、电渗析法、纳滤法、太阳池法、吸附法、萃取法。比较可以发现，青海盐湖所在电解法中有整体工艺保护，而在电渗析法中还没有申请整体工艺的保护。

（4）在富锂提锂的保护技术单元，企业拥有 4 件专利，涉及沉淀法、萃取法和煅烧法，主要申请专利的公司有青海中信国安科技发展有限公司、青海锂业有限公司和青海恒信融锂业科技有限公司。

（5）在吸附剂的保护中，专利归结到整体工艺吸附法中统计，青海盐湖所共有2件专利，主要是对于吸附柱及其制备的保护；青海盐湖工业股份有限公司和青海盐湖佛照蓝科锂业股份有限公司共申请2件专利，主要保护吸附剂的制备、解吸，涉及的技术类别较广。

（6）在同位素的分离的保护技术单元，青海盐湖所与上海有机所都有研究工作，但后续产业开发仍不明朗，在此不详细描述。

5.2.5.11　小结

根据目前专利权人现有专利技术布局情况，行业内的单位可以选择三种专利布局策略。

（1）技术空白点布局：萃取法和吸附法、纳滤法在富锂提锂技术单元和淡水回收技术单元均没有专利申请，可以在这些空白点进行专利布局。

（2）路障式布局：在盐湖提锂整体工艺中，针对除镁、除硼、除钾等环节选择关键技术点有针对性地设置"地雷"，提高自有技术的竞争力；

（3）糖衣式布局：针对初期发展技术，采取立体式的保护策略，以核心技术专利为基础、支撑性专利为延伸，建立完整的专利保护体系。

根据以上三种战略选择提出以下几点建议。

（1）原创性创新：提锂过程中引入新方法、新材料、新工艺，显著提高现有方法的技术效果，并对新技术方案进行"跑马圈地"式的保护；

（2）在现有技术基础上组合式创新、转用式创新：通过调整工艺参数、单元操作顺序、将其他方法中操作单元转移到特定方法上，建立新的工艺流程；

（3）"曲线救国"：在锂提取工艺相对完善，挖掘"新技术"较为困难的方法中，可以选择其他配套技术的保护，如卤水物质的输送、膜方法中抑制沉淀方法、其他资源富集的工艺、优化方案等，提高整体方案的保护力度；

（4）从技术方法保护完整性出发，在保护核心技术专利的同时，除保护工艺的本身外，还需要考虑设备、专用分析方法、分析设备等的配套技术的改进方案的保护。以纳滤法为例，在保护纳滤工艺的同时，其纳滤膜材料的改性、膜的活化再生、卤水的前处理过程、纳滤级数的选择（理论研究、计算方法、选择方法和选择结果）、淡水回用、其他资源的综合利用、锂盐转化、二次精制等过程都应考虑专利保护。

5.3　锂资源回收专利分析

锂资源回收利用处于产业链条末端，但是由于其选用的技术在实质上与分离提取技术有较大的相关性，因此在专利分析中，将该技术分支与分离技术统一分析。

目前，我国锂回收主要有三种来源，即电池、废液、废渣。图5-32列举了我国不同来源的锂回收技术专利申请趋势变化。我国锂回收领域专利申请起步较晚，2004年开始有专利申请，至今共申请专利101件。从整体上分析，行业还处于萌芽阶段，年度专利申请趋势特点为持续式、波动式发展。2004年至2008年，锂回收专利申请量较少，共申请5件专利。其中4件为电池锂回收专利，1件为生产烷基锂所产生的废液回收锂专利。2009年开始，锂回收专利申请量增长明显。横向比较三种锂回收来源的专利申请量，电池锂回收的专利申请量最多，发展最快，是锂下游产业的关注热点。

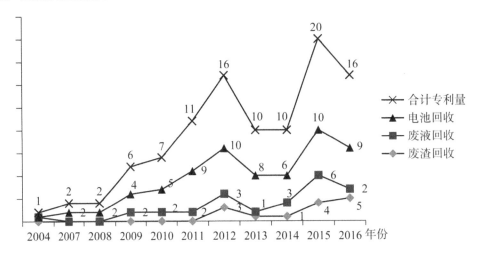

图5-32　锂回收专利年度申请量（件）

图5-33展示了锂回收专利在不同地域的分布情况。锂回收专利申请主要集中在湖南、江西、广东、北京等地。湖南省共计申请13件与锂回收相关的专利，其中电池回收锂的专利量高达9件。同样，江西申请的13件中，也有9件专利为电池锂回收专利。

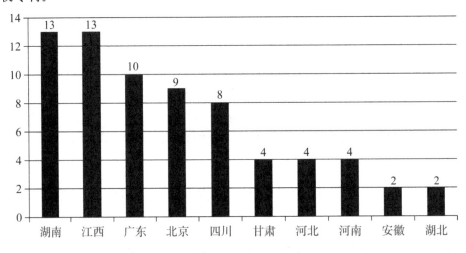

图5-33　不同地区锂回收专利申请量（件）

从地域角度分析，传统锂提取分离技术较为集中的地区或专利权人都未对锂回收产生足够的兴趣，例如，青海省关于锂回收的专利就是空白。其原因可能为：第一，资源优势省重点关注现有资源开发，卤水提取技术未成熟到稳定运行的阶段，大部分人力、物力仍要集中于解决眼前问题上，而无法顾及其他下游资源的利用问题。第二，虽然锂提取技术和锂回收技术在原理上存在同源性，但是，来源差异很大，由于电池回收过程中没有办法对种类、品种进行有效分类，使得分离前的原料物质含量极不稳定，导致后续回收工艺无法固化。从这个角度上说，锂回收的技术难度高于卤水提锂技术。

未来随着锂电池的广泛应用，尤其是动力电池一旦市场化应用，将有大量电池需要持续不断地更换，如果没有好的循环利用渠道，锂电池所谓绿色环保、无污染的优势将荡然无存，这是政府以及每个行业参与者必须直面的问题。

5.4　锂资源产业下游产品分析

锂行业近年来的快速发展，主要归功于下游产业的活跃。图5-34归纳总结了锂产业下游产品的应用情况。

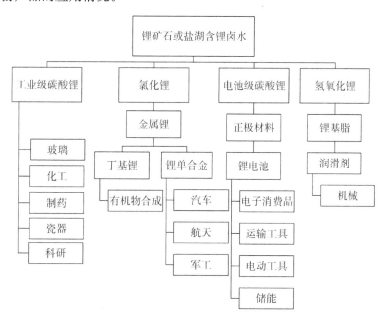

图5-34　锂资源开发产业链

锂资源产业的上游产品以工业级碳酸锂为主，工业级碳酸锂可以直接应用在化工、玻璃、制药、瓷器、科研等方面，但同时也可以作为生产氢氧化锂、氯化锂、电池级及高纯碳酸锂等其他锂盐产品的原料。

锂资源的中游产品主要为锂基脂、锂电池正极材料、金属锂。

锂基脂是冶金、工矿企业及汽车行业生产润滑剂的主要原料，锂基润滑剂相对于钠基、钙基润滑剂，具有更优良的抗水性、机械安定性、耐极压抗磨性能及防锈性和氧化安定性，尤其在极端恶劣的操作条件下，锂基润滑剂可以发挥其卓越的润滑效能。

锂电池正极材料是制作锂电池的基本原材料，锂电池目前广泛应用在电子消费品、交通运输工具、电动工具及储能工具中。锂离子二次电池（简称"锂离子电池"）是继氢镍电池之后的新一代可充电电池，最早由日本索尼公司于 1990 年开发成功，并于 1992 年进入电池市场。我国现已是全球电池制造大国，但我国锂离子电池产业却是近几年才快速成长起来的。我国锂离子电池产业化始于 1997 年后期，走过了一条引进、学习、研发的产业化道路。我国锂离子电池产业已初步形成了一条从原料制备、设备制造、电池加工到下游产品以及出口贸易的完整产业链。

金属锂主要用于制作锂合金及丁基锂，其中锂合金主要应用在汽车、航空航天及军工行业的军械及核反应堆用材中。把锂作为合金元素加到金属中，可以降低合金的比重，增加刚度，同时仍然保持较高的强度、较好的抗腐蚀性和抗疲劳性以及适宜的延展性。而丁基锂是合成橡胶、制备热固性树脂和涂料、制备医药及农用化学品的主要原料。

5.4.1　锂产品消费领域分析

如图 5-35 所示，锂下游产品中，锂电池的消费量高居榜首。我国是全球电池制造大国，锂离子电池产业化始于 1997 年后期。2001 年之后，锂电池产业开始进入快速成长阶段。到 2012 年，中国、日本、韩国锂电池产量约占世界产量的 94%。另外消费量较多的还有陶瓷及玻璃、润滑脂等化工产业。陶瓷中加入碳酸锂是陶瓷产业减能耗、环保的有效途径之一，而氧化锂陶瓷是制作电炉（特别是感应电炉）的衬砖、热电偶保护管、恒温零件、实验室器皿、烹饪用具等的主要材料。$Li_2O-Al_2O_3-SiO_2$（LAS）系材料是典型的低膨胀陶瓷，可用作抗热震材料，Li_2O 还可以作陶瓷结合剂，用途广泛。锂在玻璃中的各种新作用也在不断被发现，如作为中子测量工具的锂玻璃探测器等。锂产品的其他主要消费领域还包括润滑脂制造业、制冷业、核能行业等。

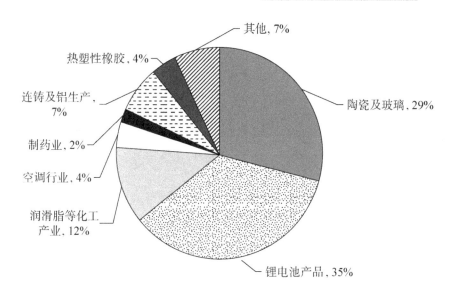

图 5-35 锂产品消费领域

5.4.2 锂产品专利 IPC 分类分析

从图 5-36 可知，从专利分析角度，专利申请数量的多少也展现了行业发展的情况，即热门行业相应专利申请数量明显高于冷门行业的专利数量。

在锂产品相关专利中，锂电池的专利申请量最多，其次是医药行业专利，之后是陶瓷玻璃专利。实际上，在整个锂资源产业链中，锂离子电池的专利申请量已经遥遥领先，远超上游锂资源开发专利量及下游其他锂产品专利量。

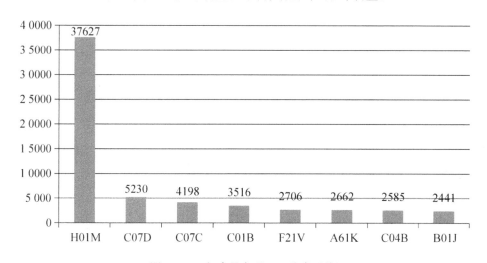

图 5-36 锂产品专利 IPC 分类（件）

我国锂离子电池经过十几年的飞速发展，取得了惊人的成绩，锂离子电池的年产量已达到国际年产量的三分之一。在产品应用方面，锂离子电池受到越来越多的关注，其应用范围也在不断拓展。做好锂离子电池正极材料的专利分析，对于我国完善产业链、促进产业发展进步具有十分重要的作用。

6.1　锂离子电池正极材料发展概述

锂离子二次电池（简称"锂离子电池"）是继氢镍电池之后的新一代可充电电池，由日本索尼公司于 1990 年开发成功，并于 1992 年进入电池市场。我国在 20 世纪 80 年代初期开始进行锂离子电池的开发研制工作，1995 年的年产量大约为 3 100 万只，经过十几年的飞速发展，2012 年锂离子电池的年产量已近 23 亿多只，产量在 16 年间增长了 70 多倍。

我国现已是全球电池制造大国，但我国锂离子电池产业却是近几年才快速成长起来的。我国锂离子电池产业化始于 1997 年后，走过了一条引进、学习、研发的产业化道路。2000 年我国的锂离子电池年产量仅为 0.35 亿只，与韩国相近，而当时日本年产量已达 5 亿只，约占全球市场 90%。2001 年以后，随着深圳比亚迪、比克、邦凯、天津力神等锂离子电池企业的迅速崛起，我国的锂电池产业开始进入快速成长阶段，2004 年达到 8 亿只，在全球市场的份额猛增长 38%，仅次于日本。在其后的几年间，我国的锂离子电池全球份额稳定在 30% 左右，自此形成了中日韩三足鼎立的局面。2012 年三国产量约占到世界产量的 94%，根据中国化学与物理电源行业协会的统计分析，2012 年全球锂离子电池产量约为 53 亿只，同比增长 7%。其中，日本约占全世界产量的 30.1%，韩国约占 33.9%，中国约占 29.2%。2012 年我国锂离子电池产量超过 23 亿只（含日本、韩国等国企业在中国的产量约 7.5 亿只），同比上一年增长 15% 以上。时至今日，我国锂离子电池产业已初步形成了一条从原料制备、设备制造、电池加工到下游产品以及出口贸易的完整产业链。

锂离子电池正极材料的研究开始于 20 世纪 80 年代初。J. B. Goodenough 课题组最早申请的钴酸锂（$LiCoO_2$）、镍酸锂（$LiNiO_2$）[13] 和锰酸锂（$LiMn_2O_4$）的基本专利，奠定了正极材料的研究基础。镍酸锂尽管具有超过 200 mA·h/g 的放电比容量，但由于其结构稳定性和热稳定性差，没有在实际锂离子电池中得到使用。目前，锰酸锂在中国主要用于中低端电子产品，通常和钴酸锂或者镍钴锰酸锂三元材料混合使用；在国际上，特别是日本和韩国，锰酸锂主要是用于动力型锂离子电池，通常是和镍钴锰酸锂三元材料混合使用。到目前为止，钴酸锂仍在高端电子产品用小型高能量密度锂离子电池领域占据正极材料主流位置，尽管其被镍钴锰酸锂三元材料取代的趋势不可逆转。

除上述材料之外，一系列新型锂电池材料应运而生。J. B. Goodenough 等在 20 世纪 90 年代发现的磷酸铁锂（$LiFePO_4$）正极材料，2013 年前后在我国掀起了投资和产业化的热潮。同样在 20 世纪 90 年代，从研究基本材料体相掺杂改性而发展起来的镍钴酸锂二元材料（$LiNi_{1-x}Co_xO_2$）和尖晶石结构的 5V 材料（$LiMn_{2-x}M_xO_4$，M＝Ni，Co，Cr 等）也被广泛研究，尽管没有产业化。进入 21 世纪以来，镍钴锰酸锂三元材料 $[Li(Ni,Co,Mn)O_2]^-$ 和层状富锂高锰材料 $[Li_2MnO_3 - Li(Ni,Co,Mn)O_2]^-$ 的研究和开发成为热点，其中镍钴锰酸锂三元材料在 2001—2011 年实现了商业化，而层状富锂高锰材料也许会在 2011—2020 年成为锂离子电池正极材料的主流。

锂离子电池正极材料的性能直接影响锂离子动力电池的能量密度、比功率、温度以及安全性能，因此锂离子电池正极材料的开发是推动整个锂离子电池技术更新的基础环节，也是制约我国锂离子动力电池发展的瓶颈所在。我国企业在新型正极材料如三元材料、高镍正极材料、磷酸亚铁锂等的开发方面落后于国际竞争对手。了解我国锂离子电池正极材料的研究现状以及专利申请现状，正确引导我国企业在国际竞争中拥有自主知识产权已迫在眉睫。

值得一提的是，作为锂资源大省，青海省自"十一五"以来紧盯新能源产业走向和技术进步趋势，着力打造以盐湖锂资源开发、电池正负极材料、储能电池和动力电池为重点的完整锂产业链，并形成了一定规模的产业基础。目前，青海中信国安采用煅烧法工艺建设了两条万吨级碳酸锂生产线，青海锂业采用离子选择迁移分离法工艺建成一条 3 000 万吨的生产线并已实现工业化生产，青海盐湖集团旗下蓝科锂业采用吸附法工艺也已完成了工业化试验工作并建设了万吨碳酸锂生产装置。青海省形成了 4 万吨的碳酸锂产能，已经成为全球最大的碳酸锂生产基地。产品纯度最高可达 99.5%，符合制造锂电池所需要求。"十三五"期间，青海以盐湖碳酸锂产业为基础，着重发展从锂离子正极材料、电池负极材料、电池配套产业到电池成品的完整产业链条，每年可制造 4 000 吨磷酸铁锂电池正极材料、46 万千瓦时磷酸铁锂电池。希望通过努力摆脱青海省原料型初级工业环节的地位。

6.2 锂离子电池正极材料专利检索

通过对于锂离子电池技术方面的文献与专利的检索和分析，制定了如表 6—1 所示的锂离子电池正极材料技术分类表。根据技术分类情况，目前主要研究的是锂离子电池正极的锂化金属氧化物、聚阴离子、三元材料、5V 尖晶石材料、层状固溶体（富锂）五种材料。

笔者按照分总式检索策略，共收集到锂离子电池正极材料技术领域的中国专利 8 080 件。其中发明专利 7 775 件，实用新型专利 305 件，对于该领域的中国专利分布情况进行了分析，以了解未来锂离子电池正极材料的技术发展和市场动态情况。

表 6—1 锂离子电池正极材料技术分类表

一级分类	二级分类	三级分类	四级分类
锂离子电池 正极	锂化金属 氧化物	镍酸锂（$LiNiO_2$）	
		钴酸锂（$LiCoO_2$）	
		锰酸锂	层状结构的 $LiMnO_2$、尖晶石型的 $LiMn_2O_4$
		锂钒氧化物	层状 $LiVO_2$、$Li_xV_2O_4$、$Li_{1+x}V_3O_8$ 和尖晶石型 LiV_2O_4、反尖晶石型 $LiVMO_4$（M＝Ni，Co）。
		锂铁氧化物	层状 $LiFeO_2$、橄榄石型 $LiFePO_4$
	聚阴离子	磷酸盐类	磷酸铁锂、磷酸钴锂、磷酸锰锂、磷酸镍锂、磷酸钒锂
		硅酸盐类	硅酸铁锂、硅酸钴锂、硅酸锰锂、硅酸镍锂、硅酸钒锂
		硼酸盐类	硼酸铁锂、硼酸钴锂、硼酸锰锂、硼酸镍锂、硼酸钒锂
		硫酸盐类	硫酸铁锂、硫酸钴锂、硫酸锰锂、硫酸镍锂、硫酸钒锂

续表

一级分类	二级分类	三级分类	四级分类
锂离子电池	正极	三元材料	Li（MnCoNi）O_4
			LiNi$_{1/3}$Co$_{1/3}$Mn$_{1/3}$O$_2$
			LiNiCo$_{0.2}$Mn$_{0.4}$O$_2$
			LiNi$_{0.5}$Co$_{0.2}$Mn$_{0.3}$O$_2$
			LiNi$_{0.8}$Co$_{0.15}$Al$_{0.05}$O$_2$
			LiNi$_x$Co$_y$Mn$_z$O$_2$
			Li$_{1+x}$（Ni$_y$Co$_y$Mn$_{1-2y}$）O$_2$
		5V尖晶石材料	Li（Ni$_{0.5}$Mn$_{1.5}$）O$_4$
		层状固溶体材料（富锂）	Li$_2$MnO$_3$＋LiMO$_2$

6.3 锂离子电池正极材料专利分析

6.3.1 专利总体态势分析

图6—1显示了锂离子电池正极材料的中国专利的年度申请量情况，可以看出，1991—1996年，中国有关于锂离子电池材料的专利申请量较少，不超过10件，技术处于初步发展阶段。1997年之后，年度申请量有了明显的增加。2002年之后，在华专利申请量呈现快速增加的态势，从2002年的63件增加到2013年的1 206件。在2013年专利申请量达到了最高峰。

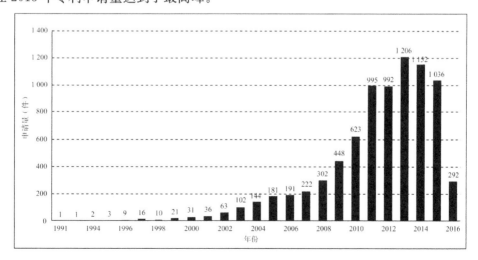

图6—1 锂离子电池正极材料专利年度申请量

专利增长速度加快的原因与国家的政策、市场环境变化密不可分。目前化石资源紧缺，环境污染严重，发展新能源汽车已成为降低化石能源消耗、减少环境污染的有效措施，我国出台了一系列政策。"九五"期间，电动汽车正式列为国家重大科技产业工程项目，2011年颁布了《国务院关于加快培育和发展战略性新兴产业的决定》以及《关于进一步做好节能与新能源汽车示范推广试点工作的通知》，对于新能源汽车进行财政补贴、试点推广。新能源汽车的关键技术是电池，电池技术目前是制约电动汽车发展的瓶颈，从2011年起，参与到锂离子电池生产和研发的企业数量快速增长，专利申请量大幅增加，锂离子电池正极材料的研究技术日趋成熟。可见锂离子电池正极材料相关技术的专利申请量增长迅速，专利的覆盖范围也越来越宽，这也充分说明了锂离子电池正极材料在锂电池产业发展过程中的重要性。

进入21世纪后，韩国的三星、LG公司，以及日本的三洋电器株式会社、松下电器株式会社开始加大在中国的专利申请力度。与此同时国内的锂离子电池的研发能力也不断增强，涌现出比亚迪股份有限公司、新能源科技有限公司、奇瑞汽车股份有限公司等具有自主研发能力的高新技术企业。国家对于新能源汽车的补贴标准逐年递减，2014年在2013年补贴标准基础上下降了5%，2015年在2013年补贴标准上下降10%，相关新能源汽车的配套设施建设不够完善，新能源汽车的销量也有所减缓，导致专利申请量有所下降。

图6—2绘出了锂离子电池正极材料相关专利技术的发展历程。2000年之前为锂离子电池正极材料相关专利技术的萌芽阶段，这一阶段专利申请量较少但已经开始逐年上升；2001—2013年为锂离子电池正极材料专利的技术成长阶段，专利申请数量增速较快。因为国家积极推荐新能源汽车政策，技术的研发资金投入增加，发展速度加快。在2013年之后专利的申请人数和申请量都呈现下降趋势。技术方面，技术发展进入平台期，已经工业化的材料性能趋近于理论值，提高空间有限，需要发现新的关键技术形成突破；市场方面，大量企业进军电池行业，消耗利润空间，等待新技术企业引领行业变革。

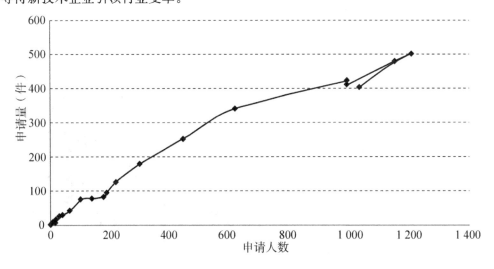

图6—2　锂离子电池正极材料技术生命周期图

如图6－3所示，对于锂离子电池正极材料的主要申请人进行分析，数据表明：排名前18位的申请人中包括13家中国单位，3家日本企业，2家韩国企业。排在前5名的分别是比亚迪、中南大学、LG、新能源科技有限公司、三星。随着我国政府越来越重视新能源产业的发展，在基础研究和技术发展的支持下，国内的比亚迪、新能源科研有限公司、合肥国轩高科动力能源、深圳比克电池有限公司等企业，在锂离子电池方面的研发能力有了迅猛的发展，具有和国外企业竞争的实力。国内锂离子电池正极材料技术研发能力较强的大专院所有中南大学、清华大学、哈尔滨工业大学、武汉理工大学。无论从专利权人数量，还是从专利申请数量上比较，国内企业都具有优势，但数量只是问题的一个方面，潜在风险依然存在。

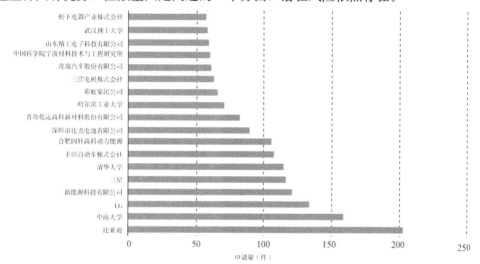

图6－3　锂离子电池正极材料领域主要申请人申请量

表6－2反映了主要申请人年度专利申请量分布情况，最早在该领域申请专利的是韩国的三星公司，三星从1996年开始在中国申请专利，此后几乎每年都有新的申请提交。其次是日本的松下公司，较早进入该领域申请专利。中国企业起步相对较晚。日本和韩国企业在锂离子电池正极材料方面的研发历史较长，掌握着锂离子电池的制造和材料制备的很多专利技术。这对于后进入行业的企业来说是需要时刻关注的问题。建议国内企业能够与国内研发实力较强的研发机构合作，在重要技术方面提前布局，实现弯道超车。

虽然中国企业进入的时间较晚，但发展的速度很快。

中国国内最早开始申请该领域专利的是比亚迪。比亚迪公司的主产业主要是二次电池，从2003年开始比亚迪的年申请量逐年增加，由于该公司手机电池业务快速发展，其专利申请数量也快速增加，于2006年达到顶峰；在2010年比亚迪正极材料专利的申请量到达了第二个顶峰，此时比亚迪公司将电池研发重点转向汽车动力电池。

新能源科技有限公司于2006年成立，专注于生产锂离子电池/聚合物锂离子电池产品，从2008年开始申请锂离子正极材料的专利，专利申请量逐年增长，2012年专利申请量达到了最高峰，总专利申请量超过了三星集团。

表6-2 主要申请人年度专利申请分布

主要申请人\申请年	1996	1997	1998	1999	2000	2001	2002	2003	2004	2005	2006	2007	2008	2009	2010	2011	2012	2013	2014	2015	2016	合计
比亚迪	0	0	0	0	0	0	0	7	10	27	38	25	23	13	18	11	14	6	10	1	0	203
中南大学	0	0	0	0	0	2	1	1	1	7	6	9	10	11	5	21	16	11	27	24	6	158
LG	0	0	0	0	0	0	1	1	2	4	3	5	1	8	17	12	19	22	37	1	0	133
新能源科技有限公司	0	0	0	0	0	0	0	0	0	0	0	0	3	4	14	21	32	25	13	4	4	120
三星	1	0	0	2	3	2	7	2	5	8	3	7	3	4	5	12	14	20	11	7	0	116
清华大学	0	0	2	0	0	0	3	4	6	11	7	2	5	10	22	10	21	8	2	1	0	114
丰田自动车株式会社	0	0	0	0	0	0	0	0	1	0	1	1	6	22	18	24	12	7	3	11	1	107
合肥国轩高科动力能源	0	0	0	0	0	0	0	0	0	0	0	0	1	0	18	14	9	18	16	30	11	105
深圳市比克电池有限公司	0	0	0	0	0	0	0	0	12	4	6	21	18	5	13	2	0	0	8	0	0	89
青岛乾运高科新材料股份有限公司	0	0	0	0	0	0	0	0	0	0	0	0	0	0	0	0	7	5	69	0	1	82
哈尔滨工业大学	0	0	0	0	0	0	0	0	0	0	0	2	2	2	2	9	4	12	14	18	4	70
彩虹集团公司	0	0	0	0	0	0	0	0	0	0	0	0	0	2	19	26	14	5	0	0	0	66
三洋电机株式会社	0	0	0	1	1	2	2	2	7	10	3	8	8	1	4	7	4	2	2	0	0	63
奇端汽车股份有限公司	0	0	0	0	0	0	0	0	0	0	0	0	0	2	4	11	12	10	15	6	1	61
中国科学院宁波材料技术与工程研究院	0	0	0	0	0	0	0	0	0	0	0	0	0	1	11	15	15	6	7	3	2	60
山东精工电子科技有限公司	0	0	0	0	0	0	0	0	0	0	0	0	0	0	0	4	0	8	23	24	0	59
武汉理工大学	0	0	0	0	0	2	2	1	2	3	0	0	0	1	2	3	3	13	11	15	4	58
松下电器株式会社	0	1	0	1	1	0	2	5	2	3	9	2	7	5	9	5	4	0	0	1	0	57

从图6-4可以看出，国内申请量较大的地区主要是经济较发达地区，而经济欠发达地区的申请量相对较小。电池行业虽然属于劳动密集型行业，但是仍然需要人力资源门槛、技术系统配套、资本聚集、上下游产业配套等系列条件才行。这些只有在经济先起步的地区才能实现，因此电池相关企业也集聚在经济较发达地区，自然带动专利的集聚；此外，产业聚集后，经济上的优势、市场上的竞争也促动知识产权保护意识的增强。显然，经济欠发达地区在上述方面需要弥补很多，也难以形成专利保护的规模。

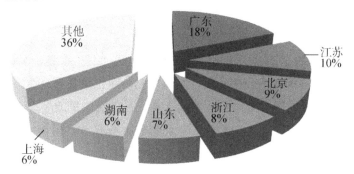

图6-4 国内锂离子电池正极材料专利申请区域分布

图6-5反映了该领域主要IPC分布情况，排在前五位的IPC分类号是H01M4/00、H01M10/00、C01B25/00、H01M2/00、C01G45/00，专利申请量主要集中在H部和C部。其中涉及的主要是电学部的电极活性材料的制备、二次电池的制备，以及化学部的含磷化合物。

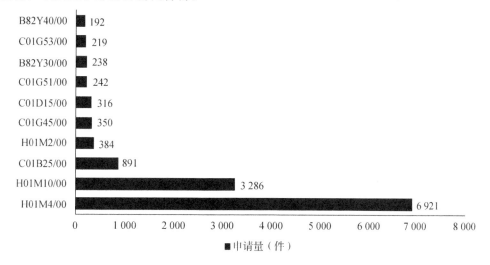

图6-5 锂离子电池正极材料主要IPC分类

6.3.2 主要锂离子电池正极材料专利分析

锂离子电池以其能量密度高、使用寿命长、无记忆效应、自放电小、无污染等优点，成为便携式产品的主要选择电源。能应用于锂离子电池中的正极材料有很多种，目前研制成功并得到应用的多为过渡金属嵌锂化合物，大致可分为 3 种结构：

①六方层状结构，代表材料包括 $LiCoO_2$、$LiNiO_2$ 及 Ni、Co、Mn 复合氧化物；

②三元材料（$LiNi_{1-x-y}Co_xMn_yO_2$）尖晶石结构，代表材料为 $LiMn_2O_4$；

③橄榄石结构，代表材料为 $LiFePO_4$ 等。

（1）磷酸铁锂材料

1997 年 Padhi 等首次报道了磷酸铁锂可以用作锂离子电池正极材料，它具有稳定的橄榄石型结构，其理论比容量相对较高（170 mA·h/g），能产生 3.4 V 的电压，其原料价格低廉、理论放电比容量高、循环性能好、可逆性好、安全性高，被认为是锂离子动力电池发展的理想正极材料。

磷酸铁锂材料的全球市场的供应集中在美国 A123 系统、Valence、加拿大 Phostech 公司以及我国台湾台塑长园、立凯电能、尚志精密等企业。

青海省目前已探明锂资源储量 2 248 万吨，占全国储量的 80％以上和全球储量的 33％以上。"十二五"期间，青海锂电产业快速发展，已初步构建起盐湖提锂—电子碳酸锂—正负极材料—锂电池产业链，正负极材料、电池（电芯）及相关配套产业实现规模化生产。碳酸锂是制备磷酸铁锂的主要原材料，目前碳酸锂的生产技术还不完全成熟。已经建成投产的三家碳酸锂生产企业，青海中信国安两条碳酸锂生产线的达产率只有 25％，青海锂业装置的达产率只有 33％，而青海盐湖集团旗下蓝科锂业集团虽建成了万吨碳酸锂生产装置，但因部分技术尚未解决也不能达产。

下面分析介绍一下国内目前磷酸铁锂的专利分布以及研发情况。

图 6-6 反映了磷酸铁锂材料年度专利申请量分布情况，1997 年美国得克萨斯州立大学 John B. Goodenough 等研究群报道了磷酸铁锂的可逆性地迁入脱出锂的特性，美国与日本不约而同地发表橄榄石结构（$LiMPO_4$），使得该材料受到了极大的重视，并得到广泛的研究和迅速的发展。

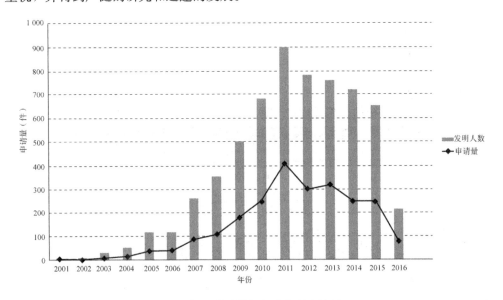

图 6-6　磷酸铁锂年度专利申请量

从 2001 年开始有相关企业在中国申请有关磷酸铁锂材料作为锂离子正极材料的专利，最早在中国申请专利的是日本的索尼株式会社，其研发的是单相合成的磷酸铁锂碳复合材料。在 2001—2003 年，有关磷酸铁锂正极材料的专利量较少，处于技术的萌芽期。2004 年之后专利申请量呈现快速增长的态势，从 2004 年的专利量 16 件，到 2011 年专利量达到 405 件。磷酸铁锂技术在国内的发展速度很快。同专利的增长趋势相同，发明人的数量也迅速增长，从 2004 年的 53 人增长到 2011 年的 900 人。2011 年之后，专利申请量有下降的趋势，磷酸铁锂技术目前仍有较大提升空间，存在一些技术瓶颈，磷酸铁锂的纳米化和碳包覆提高了材料的电化学性能，但是能量密度降低、合成成本提高，要投入到电动汽车等领域还需要一定的技术改进。

磷酸铁锂正极材料专利申请量排名靠前的主要申请人的情况，如图 6－7 所示，申请量排名位于前三名的申请人分别为清华大学、合肥国轩高科动力能源、比亚迪。在排名前十位的申请人中只有韩国的 LG 一家国外企业，排名第九位。

从专利权人构成来看，国内的大专院校占到 40％，是国内在材料学科领域比较突出的清华大学、中南大学、天津大学、哈尔滨工业大学。以比亚迪为代表的国内企业，其专利申请主要集中在磷酸铁锂材料合成方法的改进方面，主要目标是提高磷酸铁锂材料的电导率和比容量，主要涉及高温固相合成法、液相沉积法、水热法、机械球磨法。

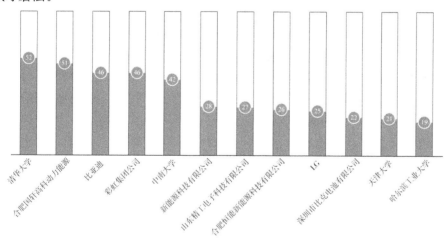

图 6－7　磷酸铁锂正极材料主要申请人排行榜

从专利内容方面看，磷酸铁锂的主要缺点是电导率低，导致高倍率充放电性能差，实际比容量低；颗粒粒度不均匀，振实密度低，导致体积比容量低。这些也将是未来一段时间行业内的主要努力方向。

通过图 6－8 可知，磷酸铁锂正极材料主要申请人年度申请量变化趋势，清华大学是最早开展磷酸铁锂正极材料研究的。2002 年，清华大学申请了一种采用溶胶－凝胶法制备的橄榄石结构的多晶磷酸铁锂材料。之后每年都有相关领域的专利申请，技术开发具有延续性。

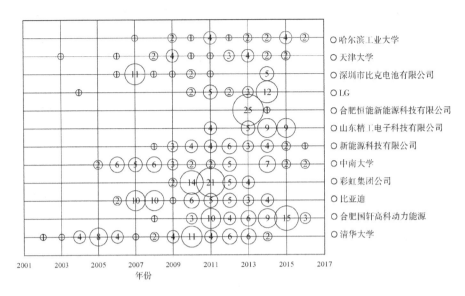

图6—8 磷酸铁锂正极材料主要申请人年度申请量变化趋势

国内最早从事磷酸铁锂研发的企业是比亚迪，比亚迪在国内新能源汽车领域是一直处于领先地位的企业。比亚迪在纯电动乘用车车型以及客车车型上装配磷酸铁锂电池。2007—2008年比亚迪专利申请量达到顶峰，随后专利申请量有所下降，磷酸铁锂的理论能量密度大概在160 W·h/kg，比亚迪的单体电池目前能量密度已达到130 W·h/kg，几乎触碰能量密度的天花板。要突破开发能量密度更高的磷酸铁锂材料新型动力电池并不容易，目前发现该企业的研发方向有所调整，在向三元正极材料方面转移。

图6—9反映了磷酸铁锂材料主要申请人IPC分类号的分布情况，清华大学专利申请分布较为集中，前三名分类号下的专利申请量占到总量的82%。分别涉及H01M10/00二次电池及其制造的方法或装置、涉及C01B25/00制备磷的化合物，以及涉及H01M4/00的电极的制备方法。

合肥国轩高科动力能源排名前十的IPC分类号都属于H部，集中分布在H01M4/58占到39%，H01M4/1397占到17%，H01M4/36占到12%。

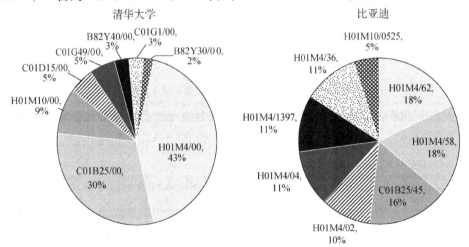

图6—9 主要申请人IPC分类号

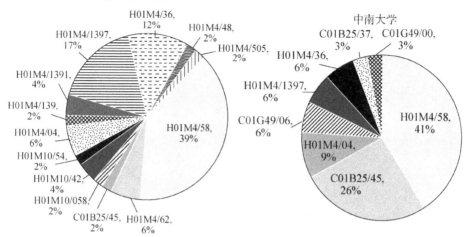

图6-9　主要申请人 IPC 分类号（续）

比亚迪主要技术分布几乎都在 H 部，排在前三位的分别是，H01M4/58、H01M4/62、C01B25/45，涉及了除氧化物和氢氧化物之外的无机化合物、活性物质中非活性材料成分的选择、含两种以上金属或金属和铵的磷酸盐。

中南大学的专利申请分布也比较集中，前三位 IPC 分类占总量的 76%。第一位是 H01M4/58，涉及除氧化物和氢氧化物之外的无机化合物，第二名是 C01B25/45，涉及含两种以上金属或金属和铵的磷酸盐，第三名是 H01M4/04，涉及由活性材料组成的电极的一般制备方法。

（2）锂锰氧化物材料

锂锰氧化物具有资源丰富、价格便宜、无毒等优点，被人们视为最有潜力的正极材料。现有的锂锰氧化物主要有用于 3V 锂离子电池的锰酸锂系列，如 $Li_2Mn_4O_9$、$Li_4Mn_5O_{12}$ 和用于 4V 锂离子电池的尖晶石系列，其中尖晶石型立方结构的 $LiMn_2O_4$ 是当前研究的热点。$LiMn_2O_4$ 的理论比容量为 283 $mA \cdot h/g$，比 $LiCoO_2$、$LiNiO_2$ 高，其主要的合成方法有高温固相法和低温合成法。

虽然 $LiMn_2O_4$ 正极材料有很多优点，但在高温下循环容量迅速衰减一直是困扰其发展的难题。大量研究表明引起尖晶石 $LiMn_2O_4$ 容量衰减的可能原因主要是有 Mn 的溶解、Jahn-teller 效应、氧的缺陷等。

国内对锰酸锂正极材料的研究比较早，对于锰酸锂的研究已经有 20 年的时间，相关专利申请量和授权量呈现逐年增长的趋势，2015 年专利申请量和授权量同时达到最大值，专利申请量达到 695 件，其中授权专利 143 件，见图 6-10。

$LiMn_2O_4$ 为正极材料的锂离子电池在循环时，尤其是在高温条件下时，存在着容量衰减问题；另外，由于材料的电压过高，导致电解液分解。目前，行业里主要通过对 $LiMn_2O_4$ 材料进行改性的方式优化材料的性能，如通过改性来提高结构的稳定性或阻止电解液与材料接触以防止锰的溶解。改性的方法包括阳离子掺杂、阴离子包覆和表面包覆。经研究可以掺杂的阳离子有 Co^{2+}、Al^{3+}、Cr^{2+}、Ni^+、Cu^{2+}、Fe^{3+}、Fe^{2+}、Mg^{2+}、Ti^{3+} 等，并且有报道认为引入过量的锂，也是一种阳离子掺

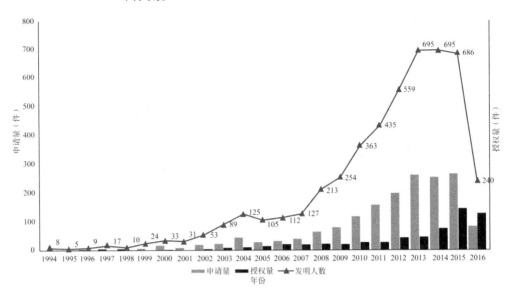

图6-10 锰酸锂年度申请量、授权量情况

杂。但阳离子掺杂使初始容量下降。锰酸锂材料可与其他材料复合作为电极材料，锰酸锂可与钴酸锂、镍酸锂等多种材料复合，提高充放电性能。由于具有资源丰富、价格便宜、安全性高且易合成等优点，尖晶石型 $LiMn_2O_4$ 正极材料在锂离子动力电池正极材料竞争中极具潜力，我国企业可以充分利用该系列材料还处于初级研发阶段的时机，在该领域提前布局，并推动该材料在动力电池中的应用，建立新一代电池材料自有知识产权保护体系，以期实现弯道超车，在新能源车产业中占据有利地位。

图6-11为锰酸锂正极材料主要专利权人的专利申请情况。申请人排名前13位中，除了两家韩国的企业LG和三星外，其余的专利权人都是中国的企业和科研院所。中国的企业占到其中的8个，大专院校占到3个。专利申请量排名前3名的都是中国的企业。专利授权量最多的是比亚迪公司。这说明中国的电池企业研发竞争能力在不断增强，企业有望在未来新一轮电池发展中，抢得一席之地。

图6-12反映的是锰酸锂材料主要申请人年度申请量的分布情况。最早在中国开始专利布局的是三星公司，作为韩国最大的电子设备制造企业，其在锰酸锂材料方面研发的时间较早，1996年开始在中国申请专利，此后在国内的专利申请量没有较大幅度的增长。青岛乾运高科新材料股份有限公司进入锰酸锂研发的时间较短，但专利申请量是最多的专利申请人，其在2014年集中申请了42件专利。该公司是清华大学的科技成果转化基地，拥有高素质的科研人才团队，拥有独立技术开发能力，目前锰酸锂年产能够达到8 000吨。大专院校在该领域的技术投入较多的是中南大学，中南大学在2001年就申请了关于采用高温固相法制备稀土掺杂的锰酸锂的专利，之后每年都有相关的专利申请。作为我国最大的手机电池生产企业，比亚迪也是我国第一家电动汽车生产厂商。2004年，比亚迪的专利申请量达到最大值，之后专利申请量呈现下降的趋势。

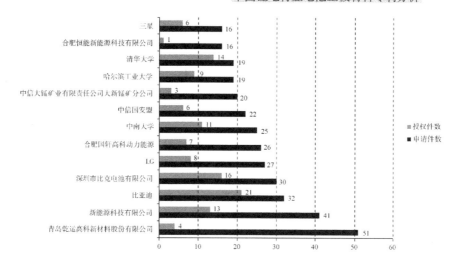

图6-11　主要专利申请人申请量排行榜

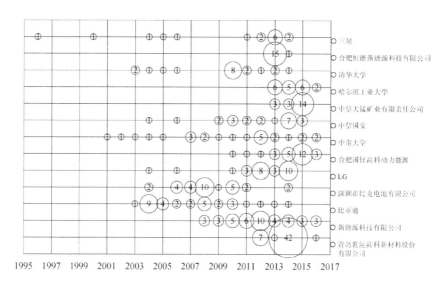

图6-12　锰酸锂材料主要申请人年度申请量

表6-3反映了锰酸锂IPC技术分类情况，青岛乾运高科新材料股份有限公司技术分类相对比较集中，其申请的60%的专利都是关于H01M4/505领域的技术。着重开发的技术电极材料中关于含有锰的混合氧化物和氢氧化物材料，新能源科技有限公司的专利申请集中在H01M10/0525，H01M4/04和H01M4/62三个分类号。新能源科技有限公司注重的是锂离子电池的制备和电极材料的制备方法。比亚迪公司主要申请集中在H01M4/02和H01M4/62两个领域，其次是C01G45/12、H01M4/04、H01M4/36、H01M4/48等领域。比亚迪公司注重研发电极活性材料的组成和活性材料的电极。深圳比克电池公司排名前三名的IPC分类号是H01M4/04、H01M4/58、H01M10/0525，与其他企业不同的是比克电池同时还很关注活性材料的电极的一般制备方法。韩国的LG和三星都主要集中在H01M4/505领域，即含有锰的混合氧化物和氢氧化物的电极活性材料的研发。与其他的企业不同之处是LG还在C01D15/00领域有专利申请，LG同时关注传统的锂的化合物的制备。

表6-3 锰酸锂正极材料IPC技术分类

主要申请人（申请件数）	C01 D15/00	C01 G45/12	H01 M10/05 25	H01 M10/05 67	H01 M10/05 8	H01 M10/38	H01 M10/40	H01 M10/42	H01 M10/54	H01 M4/02	H01 M4/04	H01 M4/13	H01 M4/131	H01 M4/136	H01 M4/139	H01 M4/139	H01 M4/36	H01 M4/48	H01 M4/485	H01 M4/50	H01 M4/505	H01 M4/525	H01 M4/58	H01 M4/62	合计
青岛乾运高科新材料股份有限公司	0	2	1	0	0	0	0	0	0	0	0	1	1	1	0	3	4	1	1	0	30	2	0	3	50
新能源科技有限公司	0	0	6	1	0	0	3	0	1	5	0	6	2	0	1	1	3	0	0	0	1	2	2	7	37
比亚迪	0	3	1	0	1	0	2	0	1	0	3	1	1	0	0	0	3	3	0	0	0	0	1	6	31
深圳市比克电池有限公司	0	0	5	0	4	1	0	0	0	1	5	1	0	0	0	0	2	0	0	0	1	0	7	0	28
LG	4	0	0	0	0	0	0	0	0	0	0	0	1	0	1	0	0	1	0	1	12	0	4	1	26
合肥国轩高科动力能源	0	1	1	1	0	0	0	0	0	0	3	0	0	0	0	2	4	1	0	0	8	0	1	2	25
中南大学	0	3	0	2	1	0	0	0	0	0	3	1	0	1	0	2	3	0	2	0	2	0	3	0	23
中信国安	0	2	1	0	0	0	0	0	0	0	0	0	1	0	2	1	2	1	1	0	5	1	0	0	22
哈尔滨工业大学	0	0	0	0	0	0	0	0	0	0	1	0	2	0	0	0	0	0	0	0	11	0	1	2	19
中信大锰矿业有限责任公司	0	0	0	0	0	0	0	0	0	0	0	2	0	2	0	0	5	0	0	1	12	1	0	0	19
清华大学	0	1	0	0	0	0	0	0	0	0	2	0	0	0	1	1	0	0	0	0	0	1	3	0	17
合肥恒能新能源科技有限公司	0	0	0	0	0	0	0	0	0	0	0	0	0	0	0	0	0	0	1	0	11	0	3	0	15
三星	0	0	0	0	0	1	0	1	0	1	0	0	0	1	0	1	0	0	0	1	8	0	0	3	16

（3）钴酸锂材料

$LiCoO_2$ 在正极材料市场上占有主导地位，其制备基本上采用固相法，即 Li_2CO_3 和 Co_3O_4 机械混合后高温烧结控制烧结条件，如温度、时间、保持气氛等，以得到所要颗粒的粒度、形貌和比表面积。

钴酸锂具有制备工艺简单、开路电压高、比能量大、循环寿命长、能快速充放电、电化学性能稳定等优点。但是，钴酸锂目前也存在着一定的缺点，如实际容量与理论容量相差太大；正常充电结束后，$LiCoO_2$ 正极材料中的锂还有剩余，埋下了使电池内部短路的安全隐患；Co 的成本高、毒性大、环境污染较大等。

如图 6-13 所示，钴酸锂材料的技术研发时间较早，从 1996 年开始就有相关专利申请，在 1996—2000 年专利的申请量较少，国内钴酸锂材料的技术处于刚刚起步的阶段。随着研究人员的不断增加，新成立的锂离子电池的制造类企业不断增加，钴酸锂的专利申请量不断递增，2009 年专利量有小幅度的回落，之后，专利申请量呈现快速增长的势头。在 2015 年专利申请量达到了最大值，2015 年钴酸锂的专利申请量达到 164 件。根据目前的专利量的变化趋势，可以预测未来几年钴酸锂的专利量还会呈现增长的态势。钴酸锂依然是锂离子电池正极材料的研究热点。

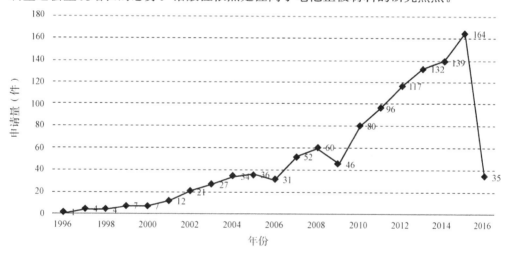

图 6-13　钴酸锂材料专利申请量年度变化趋势

钴酸锂正极材料专利主要申请人排行情况如图 6-14 所示。申请量前五位的都为企业，其中包括中国三家企业，排名第一的新能源科技有限公司的专利申请量为 53 件，远远超过其他企业。国外专利申请量最多的是三洋电器株式会社。国内的科研院校在钴酸锂材料的研发中排名靠前的是中南大学和清华大学，其共同点是都是国内一流的理工类大学，具有国内顶级的研发团队。

钴酸锂材料主要申请人年度申请量的情况如图 6-15 所示，国内较早开展钴酸锂研究的科研院所是清华大学，国外最早在中国开展专利布局的企业是三洋电机株式会社，三洋电机株式会社从 1999 年开始在中国申请专利，之后几乎每年都有相关的专利申请。新能源科技有限公司进入该领域的时间较晚，但发展速度很快，从 2008 年开始有钴酸锂材料方面的专利申请，专利申请量的增长速度很快，在 2012 年专利申请量达到了 17 件。新能源科技有限公司主要研发的是有关金属元素掺杂的钴酸锂材料。

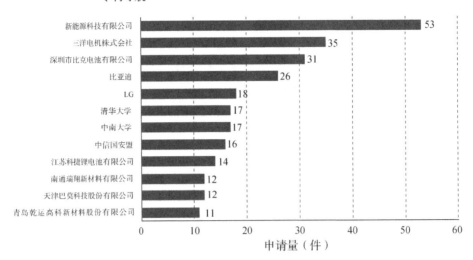

图 6—14　钴酸锂正极材料专利主要申请人排行

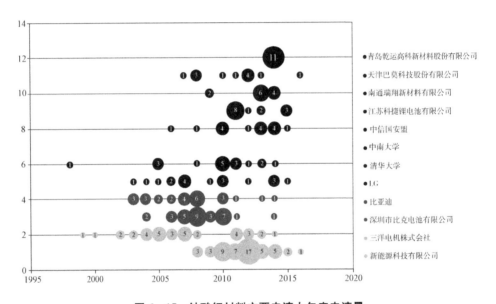

图 6—15　钴酸锂材料主要申请人年度申请量

　　表 6—4 表示的是钴酸锂正极材料的主要 IPC 技术分布情况。新能源科技有限公司主要关注点是在 H01M10/0525、H01M5/525 和 H01M4/62 三个领域。三洋电机株式会社的专利申请 42％都是在 H01M10/40 方面，即关于非水电解质电池的制备方法和装置。深圳市比克电池有限公司主要在 H01M4/04、H01M4/58 领域，即关于电极活性材料的制备方法和无机化合物作为活性材料的电极的制备方法，其次是有关 H01M10/0525、H01M10/44、H01M4/1391 和 H01M4/48 技术分类。比亚迪公司排名前三的技术分类号是 H01M4/02、H01M4/48、H01M4/62。比亚迪公司和新能源科技有限公司的共同点是都关注 H01M4/62，即电极材料中活性材料中非活性材料成分的选择。与其他公司不同的是，比亚迪公司更加注重研发无机氧化物或氢氧化物作为电极的活性材料。

表6-4 钴酸锂正极材料IPC技术分类

（注：IPC小组 / 申请件数 / 主要申请人）

主要申请人	C01G51/00	H01M10/0525	H01M10/058	H01M10/036	H01M10/038	H01M10/040	H01M10/044	H01M10/054	H01M4/02	H01M4/04	H01M4/13	H01M4/131	H01M4/139	H01M4/1391	H01M4/36	H01M4/38	H01M4/48	H01M4/485	H01M4/505	H01M4/52	H01M4/525	H01M4/58	H01M4/62	合计
新能源科技有限公司	0	7	0	0	0	3	0	1	0	0	5	4	1	3	2	0	0	1	1	0	7	3	9	47
三洋电机株式会社	0	1	0	1	1	14	0	0	1	0	1	2	0	0	1	0	3	0	2	0	1	5	0	33
深圳市比克电池有限公司	0	1	3	0	1	0	3	0	1	6	0	0	1	2	2	0	2	0	0	0	1	7	0	30
比亚迪	1	1	1	0	0	1	0	1	4	1	1	0	0	0	2	0	0	0	0	0	0	3	5	5
LG	0	0	0	0	0	0	0	0	0	0	0	0	1	0	2	0	4	2	1	1	2	3	0	16
中南大学	0	1	0	0	0	0	0	3	0	0	0	2	1	1	2	0	4	0	0	0	0	3	0	15
中信国安	1	0	1	0	0	1	0	0	0	0	0	0	0	0	0	0	0	2	0	0	6	1	0	15
江苏科捷锂电池有限公司	0	0	0	0	0	0	0	0	0	0	0	0	1	4	0	1	1	0	5	0	4	0	0	14
清华大学	0	0	0	0	0	0	0	0	0	1	3	3	1	1	0	0	0	0	0	0	0	3	0	14
南通瑞翔新材料有限公司	2	0	0	0	0	0	0	0	0	0	0	1	0	1	0	0	0	0	3	1	4	0	0	12
天津巴莫科技股份有限公司	0	0	0	0	0	1	0	0	0	0	0	0	0	0	0	0	1	0	0	0	4	2	1	12
青岛乾运高科新材料股份有限公司	0	0	0	0	0	0	0	0	0	0	0	0	0	0	0	2	0	0	0	0	7	1	1	11

6.3.3 磷酸铁锂正极材料发明人团队分析

对磷酸铁锂正极材料主要的申请人清华大学深入分析表明，清华大学核能与新能源技术研究院新型能源与材料化学研究室始建于 20 世纪 90 年代初期，是清华大学锂离子电池和燃料电池研究的主要单位。锂离子电池实验室经过多年的研究积累，建立起了比较完善的锂离子电池及其材料研究的试验平台。具有锂离子电池关键材料以及电池设计与制备研究基础，同时具有电极材料及电池制备工程化和产业化应用经验，具备承担国家高科技发展计划项目以及其他科技开发项目的能力。

如图 6-16 所示，对清华大学发明人团队分析表明，前十名的发明人中排名前三的发明人分别为何向明（6 件）、南文策（5 件）和尚玉明（5 件）。何向明，清华大学核能与新能源技术研究院新型能源与材料化学研究室主任，博士生导师。在先进电池及其关键材料领域中有 15 年的研发和工程经验。主持研究课题主要来自 973 计划、科技部国际合作项目、国家专项和企业等，共 30 多项。主持包括锂离子电池材料、锂离子动力电池在内的多项产业化工作。何向明、王莉、李建军、尚玉明和高剑为一个课题组，主要发表的专利有磷酸铁锂溶剂热制备原理、磷酸铁锂的制备方法，磷酸铁锂连续制备装置等。南文策，清华大学材料科学与工程研究院院长，从事锂电池用锂离子固态电解质及正极材料相关方面的研究，涉及锂离子正极材料方面的专利，主要有一种高温型锰酸锂正极材料及其制备方法，富锂高锰层状结构三元材料、其制备方法及应用，一种锂离子电池复合正极及其制备方法和应用等。发明人中排名第六位的唐子龙，为清华大学教授、教务处副处长、注册中心主任，主要从事锂离子电池材料、敏感材料与传感器技术、长余辉蓄光材料、热电材料、燃料电池材料以及多种纳米材料的制备技术的研究，主要专利申请有过渡元素掺杂磷酸铁锂、稀土掺杂磷酸铁锂粉体的制备方法、一种富锂型磷酸铁锂粉体的制备方法。

	2005	2009	2010	2011	2012	2013	2014	2015
何向明	1					2	2	1
南文策				1	1	1	1	1
尚玉明					2		2	1
王莉						2	2	1
张太中	4	1						
唐子龙	4	1						
卢俊彪	4							
李建军			1				2	1
罗绍华	4							
高剑			1				1	1

图 6-16 锂离子正极材料发明人前 10 的排名

6.3.4　磷酸铁锂正极材料专利诉讼情况

2003 年 3 月，加拿大魁北克水电公司等专利权人以申请号为 PCT/CA2001001349 的国际申请为基础，向中国国家知识产权局提出两件发明名称均为"控制尺寸的涂敷碳的氧化还原材料的合成方法"的专利申请 CN1478310A 和 CN101453020A，其中 CN1478310A 已经于 2008 年 9 月获得授权，另一件发明专利申请 CN101453020A 在经过权利恢复程序后现在仍处于"一通"回案的实质审查阶段。

案件所涉及的专利就是上述已授权发明专利 CN1478310A。该专利授权文本的权利要求多达 125 项，其独立权利要求信息如图 6－17 所示。该专利包括 4 项独立权利要求以及大量的从属权利要求，使其保护范围涵盖了碳包覆磷酸铁锂离子电池中工艺方法、正极材料、电池产品等各个方面。

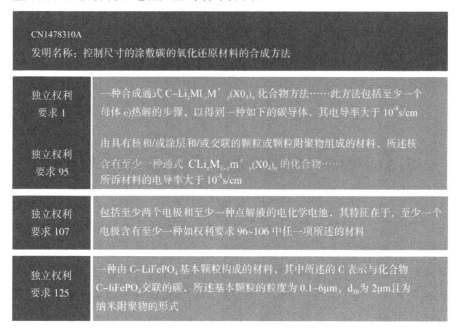

图 6－17　CN1478310A 独立权利要求

上述磷酸铁锂正极材料碳包覆技术在中国申请专利后，获得该专利商业授权的 Phostech 曾就该专利与中国的电池企业进行谈判，提出了 1000 万美元的入门费，每生产 1 吨磷酸铁锂材料缴纳 2500 美元专利许可费的苛刻要求。一些国内大型电池企业为了规避专利侵权风险，只能与 Phostech 合作，采购其磷酸铁锂材料；然而还有更多的电池企业无力承担如此高额的专利许可费，面临侵权后支付巨额赔偿的风险。

中国电池协会针对魁北克公司在中国的授权专利和碳包覆技术的核心专利进行研究，在夏威夷 1999 年国际电化学会议论文上发现了新颖性证据和抵触申请的证据。通过对比发现魁北克公司的这篇在中国的专利存在若干缺陷，涉及专利法中的

第33条、第26条、第21条和第22条，且部分权利要求优先权不成立。在说明书中的14个实施案例里，并没有一致共性的规律。权利要求书上也有若干缺陷：形式上的125个权项，实质上数百个权利要求、千余项方案，结构不合理，修改受到限制。

2010年10月，受包括河南环宇集团、天津力神等多家国内电池企业委托，中国电池协会针对上述磷酸铁锂离子电池的碳包覆技术专利向国家知识产权局专利复审委员会（以下简称"复审委"）提出无效宣告请求。2011年5月，复审委对该专利作出无效决定，以授权文本的修改超出了原始申请文件记载的范围、授权文本的权利要求得不到说明书的支持宣告修改后的111项权利要求全部无效。

随后，魁北克水电公司等专利权人不服复审委的无效决定，向北京市第一中级人民法院（以下简称"北京市一中院"）提起诉讼，2012年，北京市一中院作出维持复审委无效决定的判决。专利权人不服一审判决，上诉至北京市高级人民法院（以下简称"北京市高院"）。这一牵动国内众多电池厂商敏感神经的无效诉讼案件的最终结果毫无疑问将对我国的磷酸铁锂电池行业，甚至国内电动汽车行业的发展产生重大影响。2014年2月终审判决，审判结果维持为一审判决权利要求全部无效的决定。

6.4 锂离子电池正极材料发展总结与建议

锂离子电池正极材料行业是极具战略意义的能源材料行业，世界各国竞争激烈。面对国外公司的专利壁垒，国内企业如何突出重围，在竞争激烈的市场中拥有一席之地，采取合理的研发和专利策略是至关重要的。在锂电池正极材料领域，目前还不能明确未来材料发展的最优方案，多重材料似乎都有占据主导的可能性。并且都有潜在的应用场景。在此前提下，各个行业参与者应结合自身特点制定有针对性的发展方案。

6.4.1 材料方面

磷酸铁锂材料：该技术已经受到国内的追逐，无论在企业还是在科研单位都受到重视。针对磷酸铁锂材料的较为基础性研发工作仍在继续，仍有机会获得磷酸铁锂系列材料的基础专利；在分子中进行掺杂进一步提高电池性能的可能性；通过掺杂或调节制备工艺能够实现纳米、微米层级的超分子结构的构建与调控，从而达到磷酸铁锂材料改进的目的；此外，可以利用材料表面的包覆提高材料均一性、稳定性。

磷酸铁锂正极材料用于锂离子电池具有诸多的优点和良好的前景。清华大学是国内最早开展磷酸铁锂的技术研究的高校，专利申请量排名第一。在国内企业中比亚迪和合肥国轩高科动力能源的技术最为领先，比亚迪的技术侧重于 H01M4/58、H01M4/62，即除氧化物和氢氧化物之外的无机化合物，活性物质中非活性材料成分方面技术的研究。

锂锰氧化物材料：最早在中国开展锰酸锂专利布局的是三星公司，国内专利申请量最大的企业是青岛乾运高科新材料股份有限公司，专利增长速度最快，技术研发集中在 H01M4/505 领域，主要关注电极材料中关于含有锰的混合氧化物和氢氧化物材料，国内高校院所中中南大学的技术研发实力最强，其特点是采用高温固相法制备锰酸锂。

钴酸锂材料：该技术更受到企业的重视，这与锂离子电池广泛商业化密切相关，在国外企业中三洋占据了领先优势，其专利申请量很大，而且其专利申请质量也很高，专利技术主要集中在 H01M10/40 领域，国内企业对于钴酸锂的研究也在持续升温，尤其是新能源科技有限公司，技术发展速度很快，在国内的专利申请量最大。

鉴于各种材料都有发展的可能性，建议在专利布局时更加注重通用性技术的保护，例如，在材料的专利基础上对特定材料的包覆和/或掺杂技术，该类技术如果能够在一种材料中实现，可以推定在其他的材料中有类似的功效，虽然不是最为核心的基础专利，但是可能会成为保护效率最好的产业化支撑专利。

6.4.2 锂离子电池正极材料专利态势分布

从全球范围内锂离子正极材料技术的发展情况来看，1990 年以来在中、日、美、韩同时申请的专利中锰酸锂、磷酸铁锂、三元材料、钴酸锂的专利数量较多。锰酸锂正极材料专利主要集中在提高充放电循环性能、改善高温下放电性能、提高放电比容量、提高倍率性能、简化制备工艺、提高结构稳定性以及提高电导率七个方面。其中通过制备方法改进、掺杂元素、表面改性、元素配比调整等来提高充放电循环性能是重点。磷酸铁锂正极材料专利主要集中在通过包碳、掺杂、混合/复合等技术手段来提高容量、改善倍率性能、改善循环稳定性、降低成本、提高安全性能。在制备方法的改进中，高温固相、水热合成、喷雾热解法的专利数量最多。出现的一些新兴制备方法，如模板法、乳化干燥法、机械化学法等方法，发展空间巨大。

从全球和青海的正极材料技术对比中可以看出青海省正极材料相关的专利数量较少，且主要集中在制备方法的改进和表面的改性（见表 6—5）。

表6-5　全球和青海的正极材料（磷酸铁锂+锰酸锂）技术对比　　单位：件

技术效果	制备方法改进	掺杂元素	表面改性	元素配比调整
提高结构稳定性	41/3	25/0	14/3	4/1
提高倍率循环性能	39/3	68/2	124/8	42/2
提高放电比容量	77/2	227/1	92/4	44/2
改善高温下放电性能	47/1	42/0	37/4	4/2
提高充放电循环性能	137/3	126/1	80/7	34/0
简化制备工艺	58/4	27/1	99/3	6/0
提高电导率	12/3	8/0	17/3	0/1

注：斜线左面数字代表全球、右面数字代表青海。

6.4.3　政策方面

（1）增强自我研发实力，形成自我研发体系。

应在核心技术取得突破的基础上，加大上游配套技术和下游产业关键技术的研发力度。国内企业必须尽快建立并发展自己的科研开发队伍，形成研发规模，在尽可能避让竞争对手的专利壁垒之外，还应该合理、充分地开展适合我国国情的技术研发，充分利用我国矿种资源、盐湖锂资源，生产价格低廉的正极材料，这样有利于可持续发展。以资源整合为抓手，引导和鼓励企业联合国内有关科研部门进一步加大正极材料、电解液以及动力电池、储能电池封装等技术的研发，形成自有知识产权。

（2）加强行业内的交流，培养科技人才。

加强与国内外锂电池优势生产企业的对接，充分发挥矿权融资的杠杆作用，通过调整部分锂资源的矿权，调动国内优势企业进行碳酸锂下游产业投资的积极性，形成上下游相互参股、共同开发的锂产业发展合力。对于已形成规模化发展的大型企业而言，应加强国际行业内的信息交流，在加强自身研发实力的同时，密切关注日本松下等大型公司以及其他潜在竞争对手在中国的专利活动，对国内外主要专利申请人的专利信息加以研究利用，从而提升自己在锂离子电池行业中的竞争力。人才是企业的第一竞争要素，吸引和培养科技人才是企业创新发展的关键，也是企业建立自主知识产权保护体系的重要保障。

锂离子电池正极材料企业必须意识到知识产权的重要意义，积极通过知识产权来维护自身的合法权益，通过技术创新提升企业的核心竞争力，从而在市场竞争中立于不败之地。

第七章
主要结论与建议

随着下游产业的高速发展，尤其在可移动终端、新能源、绿色能源等概念的推动下，未来相当一段时间内整个锂产业仍然会保持相当强的活力。

7.1　产业链条分析

7.1.1　锂资源

作为全球最大锂资源之一，盐湖卤水将在未来几十年内居行业主导地位。其开采技术将逐步趋于稳定。开采成本上低镁锂比盐湖开采仍有巨大的优势，但是由于地域分布原因，显然其不可能满足行业全部需求；高镁锂比盐湖资源的开发将是十分必要的补充。高镁锂比盐湖的开采，虽然技术门槛较高、成本不菲，但在下游高附加值利益的驱动下仍然会有"一席之地"。

7.1.2　卤水提锂技术

7.1.2.1　全球盐湖卤水提锂技术

从全球范围盐湖提锂技术的发展状况来看，2009 年以来，在中、美、日、韩蒸发结晶法、吸附法、萃取法、沉淀法为专利申请的重点，一方面是低镁锂比卤水开发需要，更重要的是高镁锂比盐湖开发已经成为关注热点。具体分析如下。

盐湖提锂方面，全球范围内涉及盐湖提锂技术的专利申请共 563 件，1977 年，FMC 公司最早申请盐湖提锂专利。将盐湖提锂技术分为 4 个技术分支，分别为沉淀法、蒸发结晶法、萃取法、吸附法。在盐湖提锂技术方面，占有技术优势的主要申请人有 FMC 公司、POSCO 公司、Chemetall 公司和青海盐湖研究所。

蒸发结晶法是当前全球范围内的研究方向，技术开发主要集中在蒸发结晶和沉淀法、碳化法、电渗析法等其他提纯方法结合，进一步提高提锂效果和降低成本。这一开发方向显然已经超出低镁锂比盐湖开采的需要。

吸附法近年来的专利申请比较多，其研究方向主要集中于吸附剂种类的改变以及采用吸附法与其他提纯方法相结合。主要的吸附剂有二氧化锰离子筛、铝盐型吸附树脂等，结合的主要方法有碳化法、电渗析法、蒸发结晶法、过滤法。

其他技术的专利申请包括选择性半透膜法、盐析法、煅烧浸取法等。

7.1.2.2　中国盐湖卤水提锂技术

中国盐湖提锂技术专利申请体现出明显的地域性，不仅表现为资源优势地区专利申请量较高，也体现出技术人才密集地区专利申请数量较为集中。

中国专利申请出现两个明显周期，早期技术集中于盐湖资源开发，该阶段主要关注卤水高含量资源的开发利用，对于含量较低锂资源关注不多，因此技术上以粗放型开采为主。第二阶段卤水开发基础设施已经建立，运行成本问题已经成为主要矛盾，随着锂产业的快速发展，原来技术门槛高的锂资源利用成为热点，经济性上难以实现的技术路线，因原料价格大幅上涨而变得有利可图。大量锂资源开发专利应运而生，并不断完善，将逐步实现工业化。

从卤水提锂的方法分析，中国目前在研的提锂方法与国外基本保持一致。中国申请专利只是在具体技术细节上存在差异，而从专利技术角度比较，国内申请专利偏向于生产层面、技术优化，理论上的创新较少，导致基础性专利、支撑性专利较少，改进型外围专利偏多，这将导致专利技术应用时处于不利地位，需要国内专利权人提高对专利布局的认识。技术层面的原因，也导致中国专利同族专利较少，无法在全球范围内实现有效的牵制。

国内专利权人应有意识地分析国外同行的专利布局方式和方法，把握其专利研发方向，有针对性地制定知识产权竞争策略，提高市场竞争能力。

中国国内专利申请最多的地区是青海省，因其是资源大省，中国科学院在早期根据国家发展需要在西宁市建立青海盐湖所，针对青海省的盐湖资源开展研究工作，积累了大量的经验。该研究所也成为青海省盐湖开发的重要技术支撑单位，拥有专利技术种类最为全面，数量名列前茅。

我国专利申请分布不均现象明显，许多技术分支或技术单元的专利都只有青海盐湖所一家单位拥有，从宏观角度看不够安全。而作为科研型专利权人，青海盐湖所专利保护仍有不足之处：

（1）虽然青海盐湖所专利总数具有优势，但是在具体的提锂方法中，专利数量分布不均。如电解法和沉淀法相关专利都只有2件；电渗析法和煅烧法相关专利最少，均只有1件。很难实现对相应技术领域的有效保护和控制。

（2）针对具体方法的各个操作单元存在专利空白，也未能形成从基础到支撑，从支撑到应用的梯队化保护。

（3）部分领域重要专利出现"失效"和"老龄化"现象。如萃取法盐湖提锂领域，2件专利已经失效；纳滤法中基础专利已经维护13年；吸附法中基础性的专利已经维护14年。需要新鲜的专利弥补因专利权到期所带来的损失。

上述问题也需要相关政府机构予以重视，通过政策性支持改变现有不利的面貌。

国内企业专利权人专利保护能力相对较弱，一方面表现为专利数量较少；另一方面表现为以生产过程优化为核心，在一件专利中保护一套完整工艺过程，这在维权和应对诉讼时都会处于不利地位。

7.1.3　锂产品应用方面

锂产品应用是整个产业链条能够快速发展的核心驱动力，它的技术发展与突破将决定未来的发展与走向。从目前形式分析，移动终端供电系统、绿色能源、电动车储能系统将是未来一段时间内的主要推动力。

磷酸铁锂材料：目前国内锂电池行业的研究重点，专利布局重点方向在于掺杂、包覆、工艺开发方面，目标是提高产品一致性、稳定性、安全性和能量密度。

研发机构拥有基础性专利，但是技术成熟度较低；中国企业在专利申请方面有数量优势，但是核心技术方面积累不够。

锂锰氧化物材料：未来潜在的高能电池材料，距离产业化生产还需要一定积累，国内企业在该领域发展较快，有机会形成竞争力。

钴酸锂材料：该技术更受到企业的重视，这与锂离子电池广泛商业化密切相关，在国外企业中三洋占据了领先优势，其专利申请量很大，而且其专利申请质量也很高。国内企业对于钴酸锂的研究也在持续升温，尤其是新能源科技有限公司，技术发展速度很快，在国内的专利申请量最大。

鉴于未来行业优势材料还不能确定、国内企业研发能力有限的行业现实，建议国内专利权人将专利布局的重点放在相对通用的技术上。例如，在材料开发专利基础上对特定材料的包覆和/或掺杂技术，该类技术如果能够在一种材料中实现，可以推定在其他的材料中有类似的功效，虽然不是最为核心的专利技术，但是可能会成为保护效率最好的产业化专利技术。

7.1.4　锂材料回收方面

可以预见在不久的将来，随着锂电池的广泛应用，尤其是动力电池进入市场化应用后，大量电池需要持续不断更换，如果没有好的循环再生渠道，将出现大量锂电池的存放、处理问题。如果回收问题不能处理好，将给电池产业带来致命的打击，锂电池绿色环保、无污染的优势将荡然无存，这是政府以及每个行业参与者无法回避的问题。

从专利数量分析，该领域还处于发展初期，专利数量较少，针对性不强，需要资源开发与整合。

从技术角度分析，电池回收与卤水提锂技术有同源性，但是电池回收难度更大，主要是电池品种不统一，淘汰方式要求不一致，拆解工艺复杂，来源数量不稳定，综合回收难，存在毒性和安全性控制等一系列问题。导致锂电池回收过程更为复杂，企业不愿意投入相关研发。

从地域角度分析，传统锂提取分离技术较为集中的地区或专利权人都未对锂回收产生足够的兴趣，例如，青海省关于锂回收的专利就是空白。

目前，锂电池主要消费市场在经济较发达地区，该区域有政策、人才、技术、工艺设计、开发等一系列优势，如果政府能够很好地引导企业参与行业开发，很可能在该地区形成先入优势，在锂资源富集利用方面形成新的技术优势，并有机会在该领域形成优势的专利布局。

政府层面在锂回收方面的投入较少。一味追求资源的开发和利用，却不关注资源的保护和回收，不是良性的、均衡的发展模式。应将开发—应用—回收相结合，三者相互促进、协同发展，才能实现产业可持续的发展。

7.1.5　各技术领域近 5 年专利布局态势

从产业链各技术布局上看，2011—2015 年，国内企业和科研院所具有布局优势的技术领域主要集中在上游的提锂部分、正极材料中的磷酸铁锂部分和锂回收的电极溶解部分。提锂部分，国外来华具有布局优势的主要是在无机离子交换、钴酸锂正极材料、用吸附法回收废水中的锂离子等方面，对于国内企业这些方面都存在侵权风险。而锰酸锂和金属回收部分，国内外申请人实力相当。

7.2　锂资源产业专利战略布局的必要性

就锂产业而言，我国资源优势显而易见。但如何利用资源优势，尽快完成从"锂资源大国"向"锂产业发展强国"转变，从目前国际国内产业发展趋势、市场容量、技术水平等多方面综合考虑，鼓励技术创新、完成专利战略布局是当前亟待解决的问题。鼓励技术创新和完成专利布局需要从以下两个方面来理解。

7.2.1 鼓励技术创新，进一步完善人才激励政策

技术创新的核心是人才，科技人才被称为 21 世纪最重要的战略资源。

目前，我国盐湖提锂技术发展迅速。以中国科学院青海盐湖研究所为代表的一批研究队伍在盐湖提锂方面取得了不俗的成绩。其中，以萃取法从盐湖提锂的技术、吸附法、电渗析法等领域均取得了较大的研究进展。另外，针对西藏盐湖碳酸锂资源专门设计的太阳池法技术也取得了不错的效果。

一批优秀的盐湖提锂高新技术企业也在发展壮大。这些企业掌握盐湖提锂的主要技术，在实际生产中拥有先进的生产线，其中产量较高的生产线年产量达到万吨级别。表 7－1 列举了几家青海省高新技术企业的主要提锂方法及主要应用盐湖。

表 7－1　青海主要盐湖提锂高新技术

主要技术型企业	企业生产技术	主要应用盐湖
青海锂业有限公司	膜分离法	东台吉乃尔盐湖
青海中信国安科技发展有限公司	煅烧浸取法	西台吉乃尔盐湖
青海佛照蓝科锂业有限公司	吸附法	察尔汗盐湖
中国五矿集团	多级锂离子浓缩	一里坪盐湖

只有充分利用现有的技术人才，并不断引进更多的专业人才，才是促进技术创新的恒久动力。要切实加强科技人才队伍建设，为自主创新、提高创新能力提供智力和人才保障。要依托重点科技项目、科研基地以及国际合作项目，加大优秀人才培养力度，特别要注重发现和培养学科带头人；加强科技创新与人才培养的有机结合，鼓励科研院所与大学合作培养研究型人才，在科技创新实践中培养研究开发能力和探索精神。

7.2.2 完善专利制度，完成专利战略布局

我国锂资源产业要实现跨越式发展，除了要充分鼓励技术创新，更重要的是要充分发挥专利制度的作用。技术创新，也需要长期稳定的良好的法律政策环境来支持。专利制度是维护市场经济公平有序竞争，推动和保护技术创造的长期稳定的强有力的基本法律制度和有效机制。只有依靠专利、依法保护研制的高科技成果，才能最终形成自己独特的市场竞争优势。

专利布局是根据专利战略而进行的有目的、有计划的专利组合的过程，即综合产业、市场和法律等因素，对专利进行有机组合，涵盖了利害相关的时间、地域、技术和产品等维度，构建严密高效的专利保护网，最终形成有效的专利组合。

分析我国当前专利分布及专利类型可知，专利整体数量较为落后，专利主要以资源开采为主，下游高科技产品应用及创新动力不足，产业后续回收环保问题关注度也不是很高。由此可见，当前专利发展所面临的几项突出矛盾，一是专利激励机制不完善，导致产权流失；二是专利管理机构和队伍建设滞后；三是产业专利布局比较单一。

从以上几点来看，只有采取积极有效的专利战略，完成保护性、进攻性、储备性相平衡的专利布局，走"自主开发和引进，吸收相结合"的道路，从提高专利工作水平着手，提高科技和专利对经济发展的贡献，才有可能促进经济的跨越式发展。

7.3　我国锂资源产业专利发展战略的模式建议

我国具有独特的锂电池资源优势及光伏发电的资源优势，围绕全产业链发展，建设高产能、高产值、技术领先的动力电池和储能电池系统的生产基地，将极大地推进我国新能源汽车和可再生能源产业的发展，促进我国科技产业结构进一步升级，成为我国转型战略性新兴产业的成功典范。

但是，我们同时要看到，在锂电池及光伏产业发展的初期，就要引入相应的专利战略布局策略，以应对产业将来要面临的竞争和市场问题。从专利角度来讲，采取专利进攻和专利防御相结合的战略尤为重要。专利进攻战略是指积极、主动、及时地申请专利并取得专利权，以使企业在激烈的市场竞争中取得主动权，为企业争得更大的经济利益的战略。建议我国推动资源优势地区（青海、西藏）与产业优势地区（广东、江苏）强强联合，以先进专利技术为锂电池产业的发展提供前期技术支持。在专利防御方面，可以采取交叉许可的战略，即企业间为了防止造成侵权而采取相互间交叉许可实施对方专利的战略。比亚迪股份有限公司已经开始在青海省建立合作基地，这将建立起优势互补、互惠共赢的新发展模式。

7.4　盐湖锂产业创新及知识产权战略路径

7.4.1　构建盐湖锂产业关键技术链

产业关键技术是指在各个领域中占有重要地位，能提高产业竞争力，促进社会经济可持续发展，适应发展趋势，在一定时间内具有重要商业价值并且会牵制整条产业链进步的"瓶颈"技术或技术点。从锂产业链各环节的产业基础和专利态势分析来看，我国已经在青海形成了从碳酸锂、正极材料、负极材料到高档电解铜箔、铝化成箔的大规模生产能力，具备了大规模发展以锂电池为核心的锂产业的条件。但从整个产业链条的衔接和产业融合来看，青海打造锂产业全产业链仍然面临三大"瓶颈"。

首先，碳酸锂的生产技术还不完全成熟。目前已经建成投产的三家碳酸锂生产企业，青海中信国安两条碳酸锂生产线的达产率只有 25％，青海锂业装置的达产率只有 33％，而青海盐湖集团旗下蓝科锂业虽建成了万吨碳酸锂生产装置，但因部分技术尚未解决也不能达产。青海盐湖锂资源中的高锂镁比特点加大了盐湖锂资源开发工业化的难度，目前核心技术已经突破，产品也已经出来。但盐湖资源综合利用的一些技术还需要进一步突破。其次，青海锂资源开发还仅限于采矿和初加工阶段，碳酸锂品种单一，且上下游产业发展脱节比较严重。主要表现在已经拥有锂资源的企业对下游产业投资不足，而一些在锂电池生产上积累了相当经验和技术的企业却因无法掌握锂上游资源而投资信心不足。最后，资源配置不尽合理导致企业间合作融合不够，资源综合开发利用水平比较低，环境保护压力比较大，而且部分锂资源开发企业之间仍然存在矿权纠纷。

为促进盐湖锂资源开发和锂电池为核心的锂产业规模化、集约化、系列化发展，建议地方政府部门充分发挥资源配置优势和政策引导优势，引导盐湖锂产业上下游对接、融合，实现可持续发展。

第一，应构建区域分工明确、产业环节细化的产业布局，通过产业定位形成区域分工合理、产业集聚发展的格局。在上游环节依托柴达木盆地资源赋存条件布局碳酸锂产业，形成碳酸锂、硫酸钾、硼酸等含锂卤水综合开发产业集群；下游环节则需综合考虑人才、技术、区位等优势，布局正极材料、电解液、电池隔膜材料、电池等锂下游产业，形成锂动力电池和锂储能电池产业集群。

第二，应在核心技术取得突破的基础上，加大上游配套技术和下游产业关键技术的研发力度。以资源整合为抓手，引导和鼓励企业联合国内有关科研部门如青海盐湖研究所、中南大学等进一步加大正极材料、电解液以及动力电池、储能电池封装等技术的研发，形成自有知识产权。

第三，加强与国内外锂电池优势生产企业的对接，充分发挥矿权融资的杠杆作用，通过调整部分锂资源的矿权，调动国内优势企业进行碳酸锂下游产业投资的积极性，形成上下游相互参股、共同开发的锂产业发展合力。

第四，建议政府部门组成产业发展协调机构，及时协调解决锂产业发展过程中出现的各种问题，促进锂产业健康有序发展。

7.4.2 搭建产学研合作平台

科研机构是创新分工体系的核心要素，在区域产业创新生态系统的构建中扮演的角色越来越重要。硅谷成功的关键在于其周边区域拥有斯坦福大学、加州大学伯克利分校、加州大学圣克鲁兹分校等近 20 家名牌大学；波士顿区域内则分布着哈佛大学、麻省理工学院等世界一流大学，科研活动不仅仅提供了新的发明和高水平科技成果，还源源不断地供给了大量高素质人才，是美国区域创新体系形成和发展的关键因素。中国盐湖锂产业的创新与发展也同样离不开大学和科研院所，产学研合作可以快速提升锂产业的技术水平和产业化程度。

　　拥有核心专利的企业一般都选择自己生产，控制关键核心技术，获得专利保护下的市场垄断地位。所以分析产业关键节点企业的核心专利对于掌握产业关键核心技术和制定产业创新战略具有重要的参考价值，分析产业中的各创新主体和它们之间的创新链网应是产业专利导航项目的重要研究内容，一方面可以借鉴其他企业的创新动态，另一方面也可以通过专利导航寻找到合适的产学研对象。在盐湖资源开发与利用方面，建议重点依托青海盐湖所、上海有机所、清华大学、中南大学等人才、检测仪器以及研发基础的优势，选择比亚迪、合肥国轩高科等企业合作发展。中南大学在盐湖提锂、锂离子正极材料、废旧锂离子电池的回收方面都有相关专利的申请，涉及整个锂产业的研发。清华大学在锂离子正极材料方面的研究主要集中在磷酸提锂正极材料领域。哈尔滨工业大学在镍钴锰酸锂正极材料方面的专利比较多，优势明显。比亚迪目前是我国锂产业链布局最为完善的企业。比亚迪为了控制成本也已经和青海省盐湖工业股份公司成立合资公司共同开发盐湖资源。合肥国轩高科动力能源有限公司在磷酸铁锂、锰酸锂材料和镍钴锰酸锂等技术方面都有涉及，但是在磷酸铁锂材料方面专利数量最多。目前其主要研发精力正逐步转向废旧锂离子电池的回收，形成从锂离子正极材料的研发，到生产锂离子电池，再到废旧锂离子电池的回收的完整的产业链条，技术解决方案值得学习和研究。

7.4.3　优化区域锂产业创新人才链

　　创新需要优秀的人才，高水平的人才是激励创新最重要的因素，是锂产业创新和技术突破的根本和关键，加大创新人才资源的供给，面向全球引进和聚集锂提取及应用的创新人力资源，构建适合青海锂产业发展需求的人才生态链对区域锂产业创新竞争和综合实力的提升起着至关重要的作用。从锂产业宏观数量和具体行业的微观角度看，相关专业人才来源单一，技术人才相对集中，且流动性较大。锂产业专利统计分析显示，青海省前 10 位的发明人都来自于中国科学院青海盐湖所，其中包含了在读硕士和博士研究生。吸引人才成为政府重要工作，青海省正在探索旅游度假式柔性引进人才计划，解决人才短缺问题，每年在全国范围内柔性引进 10 名左右在国内专业领域中有较高知名度的、地区急需紧缺高层次人才来青海旅游度假。通过充分利用区域内旅游资源优势，以柔性引才的方式大力吸引全国各地的优秀知名高层次人才，特别是离退体老专家、学者来旅游、休闲、度假，同时通过各种灵活方式为地区提供中短期服务。比如基于专利申请的发明人（表 7-2）分析表明，中南大学在盐湖提锂、锂离子正极材料、废旧锂离子电池的回收方面都有相关专利的申请，涉及整个锂产业的研发。重点发明人主要有郭华军教授、王志兴教授和徐徽教授等。中南大学郭华军教授的"高能量密度、高安全性锂离子电池及其关键材料制造技术"获 2008 年国家科学技术进步二等奖，"锂离子电池及其关键材料的制备技术与产业化"获 2006 年度湖南省科技进步一等奖，有 7 项科研成果通过省部级鉴定，并成功实现产业化。清华大学在磷酸铁锂正极材料方面的专利比较多，重点发明人主要有何向明教授、南文策教授和唐子龙教授等。其主要发明人何向明教授主持多项"973"计划、科技部国际合作项目、国家专项和企业等研究课题，总共30 多项。主持包括了锂离子电池材料、锂离子动力电池在内的多项产业化工作。南文策教授从事锂电池用锂离子固态电解质及正极材料相关方面的研究，涉及锂离子正极材料方面的专利，主要有一种高温型锰酸锂正极材料及其制备方法，富锂高锰层状结构三元材料、其制备方法及应用，一种锂离子电池复合正极及其制备方法和应用等。

表 7—2　锂产业相关发明人名单

创业创新人才		领军人才	
姓名	所在公司	姓名	所在学校
高原	FMC 公司	何向明	清华大学
李阳兴	FMC 公司	南文策	清华大学
李国华	Sony 公司	唐子龙	清华大学
王品今	应用材料公司	郭华军	中南大学
梁周宪	福斯泰克锂公司	王志兴	中南大学

7.4.4　组建锂产业创新及专利联盟

企业是创新实施的主体，政府是驱动创新的主体，围绕锂产业创新交互与融合所需的人才、科研资源、资本等构建"社会化"的服务网络体系，将政府和企业这两支力量紧密结合起来，会大大增强锂产业创新的驱动力。建议组建锂产业创新与专利联盟，政府引导构建创新咨询与服务平台，完善人力资源培训与培养体系，推进知识产权体制改革，完善技术转移服务体系，优化创新资本层次，创新服务方式和商业模式，完善创新相关政策，确保锂产业每一个创新的参与方能够与另外任何一个参与方融合、交往并且存在潜在交互的可能。只有构建这样一个完美的、高效的"社会网络"的创新服务模型才会帮助锂产业相关企业获得所需的专业知识、客户、合作伙伴和资金，在这个共生的创新服务模型中，专利代理和咨询类服务机构扮演的是促进者和联络人的角色，而不是唯一的或者主要的去完成对接与撮合的

"执行者"，从数学理论上来讲，与传统的集中服务体系相比，这样交互的"社会化"服务体系潜在的交互数量将会飙升 N 倍，对锂产业创新的助力作用也将呈现几何倍数剧增。

青海省为延伸盐湖锂资源产业链、推进技术进步、打造产业集群、整合优质资源、开展产学研合作、组织实施锂产业相关科研课题、完善技术标准、推动锂产业发展，于 2015 年组织成立以青海盐湖所为理事长单位，青海盐湖工业股份有限公司、青海泰丰先行锂能科技有限公司、青海中信国安科技发展有限公司、青海锂业有限公司、华东理工大学等 20 余家单位为发起的"青海省锂产业技术创新战略联盟"。在此联盟的基础上，可以增加产业联盟内容，并延伸到知识产权联盟，根据国家知识局专利导航试点工程的《产业知识产权联盟建设指南》，进一步构建锂产业知识产权联盟，制订组建计划和方案，制定联盟章程、发展战略规划、管理制度、资源共享和利益分配机制等，以合作组织的形式，签订合作协议，实现产业知识产权联盟的管理和运行。利用联盟企业已建的锂产业专利专题数据库等专利情报资源和其他信息资源，针对共同的竞争对手的重点专利，组织研发人员在核实其专利保护区域的基础上，消化吸收之后进行再创新。联盟企业共同构建专利池，在联盟内实现专利技术、新技术共享或者专利交叉许可，从而推动区域行业共同发展。联盟企业在参与国际市场竞争时，应利用联盟自身市场优势参与竞争，由联盟作为唯一代表进行协商，解决各联盟企业恶性竞争、损害自身和联盟利益等问题。

良好的创新生态系统是促进产业链、创新链、金融链融合的加速器，通过产业要素、创新要素与资本要素的规模集聚与有机互动，创新生态建构就是培育形成包含众多创新要素、多样创新物种、不同创新组合方式及创新制度规则等的适应性网络。建议青海省在科技经费与建设投资资金的安排中，强化对锂产业创新集成和创业的投资力度，健全以政府财政投入为导向、企业投资为主体、风险投资为辅的多元化投入体系，吸引鼓励企业、科研院所、高校及社会资金在锂产业创新链条建设中发挥作用。

7.4.5 深入实施锂产业知识产权战略

强化锂产业技术链知识产权创造和保护。进一步深化落实锂产业链的知识产权创造奖励机制，发挥财政专利资金的引导作用，完善专利补助、奖励、通报制度。在明确企业及个人的发明创造或技术创新对产业发展存在重大意义的情况下，给予适当奖励，并与知识产权优势企业认定、企业财税优惠、科技项目承接等政策结合起来。定期开展锂产业知识产权工作示范企业、先进集体、先进个人等评选奖励活动，加大宣传推广力度，鼓励优秀企业和个人脱颖而出，起到示范带动作用。建立锂产业链知识产权重点保护机制，对青海盐湖所、青海锂业、中国五矿等重点企业实行重点联系帮扶，积极促进锂产业链中市场主体与科研院所、中介机构的交流与合作。青海盐湖所在现有的电渗析法、萃取法、纳滤法提锂的基础专利上完善并增加外围专利，在已积累的经验和资源上对盐湖提锂方面继续开展相关研究，紧盯全球研发热点技术离子交换吸附法，获得更多相关的改进型发明专利的保护。同时，在锂产业知识产权保护上推动建立行政和司法相衔接的双轨保护机制，确立商标品牌、前沿技术、核心工艺等知识产权重点保护工作规范，保障企业的市场竞争力。

建立锂产业链专利预警及导航机制。加强锂产业技术领域的知识产权发展趋势和国外技术性贸易壁垒的状况研究，整合各方面资源，建立一整套专利信息收集、分析、发布和反馈的机制，及时指导企业采取有效措施应对国际知识产权壁垒，化解潜在的知识产权风险，同时为企业立项、技术攻关、产品开发、专利申请、技术进出口、专利侵权纠纷等起到指导作用。重点关注 FMC 公司在电极材料、金属锂粉、储能电池、锂盐等锂下游产业链的专利布局，Chemetall GmbH 在锂原电池、可充电电池和锂离子电池的金属氧化物阳极、锂金属阴极、电解质盐类和添加物领域的专利。引导青海锂业等重点企业制订实施专利发展战略。根据锂提取及应用等产业知识产权状况的摸底调查，结合产业集群和重点企业的发展期望，制定相应的知识产权发展战略，包括确定应关注的创新方向、建立规避风险预案、形成知识产权组合发展策略、提出政策需求等，形成知识产权管理体系，实施知识产权的全过程管理与风险管控。支持锂材料龙头企业实施专利走出去战略，与北京、上海等地知识产权服务机构探索建立企业国际化发展知识产权服务体系，定期发布美国、智利等国外锂产业专利动态报告，并协助企业与国外专利机构开展合作，积极拓展海外申请便利渠道。开展企业出国参展知识产权培训，联合有关部门探索建立海外展会知识产权服务站。

附　表

附表 1　主要竞争对手围绕产业链专利布局情况

附表 1－1　Chemetall Gmb H 公司产品对应的相关专利

产品	申请号	名称	法律状态
电解质盐和添加剂	US10/469471	Electrolytes for lithium ion batteries	日本、欧洲、奥地利、加拿大、美国、中国均有效
	JP20000557256	Use lithium-bisuokisaretoboreto, as the production and a conductivity salt	德国、欧洲、加拿大均有效
	JP20110550468	Lithium metal or lithium metal-containing alloy and bis as the anode material（oxalato）lithium and at least one of boric acid galvanic cell having an electrolyte having a different lithium complex salt	德国、欧洲、日本、美国、中国均有效
	IN3255/CHENP/2006	A conducting salt composition for galvanic cells and a process for preparing the same	印度有效
	CA19992336323	Lithium bisoxalatoborate, the production thereof and its use as a conducting salt	德国、加拿大、欧洲、日本、美国均有效
	US10/591509	Conducting salts for galvanic cells, the production thereof and their use	德国、欧洲、日本、韩国、中国、美国、奥地利均有效
锂金属阴极	CN2010808412	A galvanic cell having a lithium metal or an alloy comprising a lithium metal as anode material and an electrolyte having lithium bis（oxalato）borate and at least one other lithium complex salt	中国、欧洲、美国、日本均有效
各种锂化合物	US14/119980	Process for preparing lithium sulfide	德国、欧洲、日本、韩国、中国均有效
	DE2003513542	A method for the preparation of lithium aluminum hydride solutions	德国有效
	DE2003513008	A method for the preparation of lithium iodide solutions	德国有效

产品	申请号	名称	法律状态
金属氧化物阳极	AU20090238625	Method of making high purity lithium hydroxide and hydrochloric acid	澳大利亚、欧洲、日本、中国、加拿大、俄罗斯均有效
	TW20100137047	Recovery of lithium from aqueous solutions	澳大利亚、加拿大、中国、欧洲、日本、韩国、俄罗斯均有效

附表 1－2　FMC 公司产品对应的相关专利

产品	专利号	名称	法律状态
锂正极材料	CN101213146B	锂锰化合物及其制备方法	授权
	CN1243664C	锂钴氧化物及其制备方法	授权
	CN100385715C	二次电池的正极活性材料及其制备方法	授权
	US6040089A	Multiple-doped oxide cathode material for secondary lithium and lithium-ion batteries	失效
	US6361756	Multiple doped lithium manganese oxide compounds and methods of preparing same	授权
	AU2606897	Method for preparing spinel $Li_{1+x}Mn_{2-x}O_{4+y}$ intercalation compounds	失效
锂金属粉末	CN103447541	用于 Li 离子应用的经稳定的锂金属粉末、组合物和方法	授权
	US7588623	Stabilized lithium metal powder for li-ion application, composition and process	授权
	CN102255080B	用于锂离子用途的稳定化锂金属粉末、组合物和方法	授权
	CN1830110B	电极中的锂金属分散体	授权
	EP2507856	Finely deposited lithium metal powder	申请中
电池	CN101385167	碳纳米管锂金属粉末电池	失效
	US7276314	Lithium metal dispersion in secondary battery anodes	授权

附表 2 Chemetall 失效的专利价值较高的专利

序号	标题	申请号	被引用次数	申请时间	最后一个国家失效日期	关键技术
1	Method for producing alkyl lithium compounds and aryl lithium compounds by monitoring the reaction by means of ir-spectroscopy	EP2005001954	13	2005 年	2017—6—8	在溶剂中使锂金属和烷基或者芳基卤化物反应以制备烷基锂化合物和芳基锂化合物
2	Lithium diisopropylamide	US08/735229	3	1996 年	2009—11—16	二异丙胺锂的制备
3	Production of low boron lithium carbonate from lithium-containing brine	US07/623268	13	1990 年	2010—6—15	从含锂卤水中制备低硼碳酸锂化合物
4	Preparation of mixed lithium amide reagents	US07/419966	14	1989 年	2005—4—20	混合锂酰胺试剂的制备
5	Lithium aluminum hydride solution in a solvent containing 2-methyl tetrahydrofuran，useful as a reducing agent	DE102006041290	0	2006 年	2016—3—8	含有 2-甲基四氢呋喃的氢化铝锂溶液中的溶剂，用作还原剂

附表 3 FMC 失效的专利价值较高的专利

序号	标题	申请号	被引用次数	申请时间	最后一个国家失效日期	关键技术
1	Method for preparing spinel $Li_{1+x}Mn_{2-x}O_{4+y}$ intercalation compounds	AU2606897	0	1997 年	2017－4－2	尖晶石 $Li_{1+x}Mn_{2-x}O_{4+y}$ 插层化合物
2	Preparation of lithium-hexafluorophosphate solutions	US08/172690	16	1993 年	2014－9－2	制备六氟磷酸锂
3	Method of preparation of lithium alkylamides	US08/204724	7	1994 年	2015－3－1	锂烷基酰胺的制备
4	Preparation of lithium alkoxides	US07/973116	14	1992 年	2004－11－17	锂醇盐的制备
5	Stable lithium diisopropylamide and method of preparation	EP86900522	0	1985 年	2005－12－17	二异丙胺锂的制备方法
6	Recovery of lithium from brine	US06/106961	14	1979 年	2000－6－29	用阴离子交换树脂回收锂
7	Recovery of lithium values from brines	US08/716954	17	1996 年	2015－2－22	从卤水中回收锂的方法
8	Process for recovering lithium from salt brines	US06/873099	12	1986 年	2005－2－9	通过蒸发浓缩来沉淀硫酸锂

附表4 锂提取相关专利列表

序号	申请号	名称	申请（专利权）人
1	CN201610435898.4	电化学法回收磷酸铁锂中的锂的方法	天齐锂业股份有限公司
2	CN201610439079.7	电化学法回收锂电池正极材料中的锂的方法	天齐锂业股份有限公司
3	CN201610444264.5	浓缩高盐分含杂溶液的方法及其在处理锂浸出液中的应用	四川思达能环保科技有限公司
4	CN201610438941.2	利用酸化焙烧浸出法综合回收铝电解质中锂元素的方法	东北大学秦皇岛分校
5	CN201610439071.0	浓缩锂浸出液的方法和设备	四川思达能环保科技有限公司
6	CN201610248214.X	从火法回收锂电池产生的炉渣中提取锂的方法	天齐锂业股份有限公司
7	CN201610212760.8	从高原碳酸盐型卤水中制备碳酸锂的方法	中国科学院青海盐湖研究所；西藏国能矿业发展有限公司
8	CN201610240269.6	锂矿石氯化剂无机碱焙烧有机溶剂溶出法提取锂工艺	葛新芳
9	CN201610533302.4	一种从废锂离子电池材料中回收钴和锂的方法	长沙理工大学
10	CN201610533309.6	一种从废旧锂离子电池中回收钴酸锂的方法	长沙理工大学
11	CN201620273570.2	锂电池废料的回收处理装置	江西睿达新能源科技有限公司
12	CN201610212616.4	从高原碳酸盐型卤水中制备碳酸锂的方法	中国科学院青海盐湖研究所；西藏国能矿业发展有限公司
13	CN201610315841.0	制酸尾气与废钴酸锂协同治理并回收钴锂的方法	兰州理工大学
14	CN201610203516.5	一种盐田沉积物中锂的回收工艺	马迎曦
15	CN201610212861.5	从高原碳酸盐型卤水中快速富集锂的方法	中国科学院青海盐湖研究所；西藏国能矿业发展有限公司

序号	申请号	名称	申请（专利权）人
16	CN201620217095.7	一种高效分离精制碳酸锂的装置	天齐锂业股份有限公司
17	CN201610364149.7	利用高温蒸汽快速制备碳酸锂或浓缩卤水的方法及系统	广州市睿石天琪能源技术有限公司；朱彬元
18	CN201610242732.0	离子筛型钠离子吸附剂及除去氯化锂中杂质钠的方法	天齐锂业股份有限公司
19	CN201610211238.8	一种利用电弧炉回收废旧车用电池中锂金属的方法	江门市长优实业有限公司
20	CN201610320979.X	一种从含锂富锰渣中提取锂和锰的方法	长沙矿冶研究院有限责任公司
21	CN201610257026.3	一种利用含锂废液制备无水氯化锂的方法	天齐锂业股份有限公司
22	CN201480070317.0	制备碳酸锂的方法	内玛斯卡锂公司
23	CN201610155905.5	一种脱除高锂溶液中的硼离子的方法	中国科学院青海盐湖研究所
24	CN201610129932.5	一种用硫酸锂溶液生产高纯度电池级碳酸锂的方法	江苏容汇通用锂业股份有限公司
25	CN201610322562.7	锂离子电池正极材料锰酸锂废料中回收锰锂的方法	王亚莉
26	CN201610228459.6	一种盐湖卤水制备氯化锂的方法	袁春华
27	CN201610157501.X	一种脱除高锂溶液中的杂质的设备及方法	中国科学院青海盐湖研究所
28	CN201610070611.2	盐湖卤水镁锂分离并生产氢氧化镁和高纯氧化镁的方法	北京化工大学
29	CN201610080310.8	一种锂云母除杂渣回收制备碳酸锂的工艺	山东瑞福锂业有限公司
30	CN201610129931.0	一种锂吸附剂及其制备方法和应用	江苏容汇通用锂业股份有限公司
31	CN201610315806.9	制酸尾气和废镍钴锰酸锂协同治理并回收金属的方法	兰州理工大学
32	CN201610080331.X	从盐湖锂矿生产氯化锂的方法	山东瑞福锂业有限公司
33	CN201610120877.3	一种从废旧锂离子电池回收过程产生的含锂废液中提取锂的方法	中南大学

序号	申请号	名称	申请（专利权）人
34	CN201610255800.7	利用萃取法除去富锂溶液中钙、镁杂质的方法	四川天齐锂业股份有限公司
35	CN201610051291.6	一种从粉煤灰中提锂的方法	中国科学院过程工程研究所
36	CN201521116371.2	一种提锂用卧式浸出设备	江西旭锂矿业有限公司
37	CN201521116544.0	一种锂云母熟料破碎浸出一体机	江西旭锂矿业有限公司
38	CN201610016401.5	一种改性铝盐吸附剂及其制备方法和应用	四川天齐锂业股份有限公司
39	CN201610153916.X	一种从废弃锂离子动力电池回收有价金属的方法	江西理工大学
40	CN201620072115.6	一种锂辉石制备碳酸锂生产工艺中焙烧料余热回收装置	山东瑞福锂业有限公司
41	CN201620072172.4	一种锂辉石制备碳酸锂生产中酸矿配料给酸装置	山东瑞福锂业有限公司
42	CN201620072114.1	一种用于碳酸锂制备过程中的酸矿混合装置	山东瑞福锂业有限公司
43	CN201610008780.3	一种从高镁含锂卤水中提取锂盐的方法	上海颐润科技有限公司；何涛
44	CN201610104368.1	一种动态结晶制备六氟磷酸锂的方法和装置	多氟多化工股份有限公司
45	CN201510997961.9	一种从高镁锂比盐水中电化学提取锂盐的方法	北京化工大学
46	CN201610086174.3	一种氯化锂溶液深度除硼的方法	华陆工程科技有限责任公司；青海盐湖佛照蓝科锂业股份有限公司
47	CN201510998238.2	一种稀土金属电解熔盐渣的回收方法	江苏金石稀土有限公司
48	CN201510970561.9	一种利用氟化焙烧和酸浸出提取铝电解质中锂盐的方法	东北大学
49	CN201480050294.7	使用近海锂吸附设备和沿岸锂分离设备的海水锂回收装置、锂回收站以及利用曝气的脱锂装置	韩国地质资源研究院
50	CN201510505563.0	从高镁锂比盐湖卤水中直接制取电池级碳酸锂的方法	马培华

序号	申请号	名称	申请（专利权）人
51	CN201510713925.5	从含锂卤水中直接制备高纯度锂化合物的方法	罗克伍德锂公司
52	CN201521011504.X	制备高纯碳酸锂的三合一系统装置	汕头市泛世矿业有限公司
53	CN201510963833.2	从水溶液中回收锂的方法	罗克伍德锂公司
54	CN201520530485.5	一种从氯化钠和氯化锂的混合物料中提纯无水氯化锂的组合装置	湖北瑞邦石化装备科技有限公司
55	CN201510881141.3	硫酸锂盐粗矿的精制方法	中国科学院青海盐湖研究所
56	CN201610023541.5	连续化生产电池级碳酸锂的方法	四川天齐锂业股份有限公司
57	CN201610029273.8	一种基于物相转化的电池级碳酸锂制备方法	清华大学；金昌北方国能锂业有限公司
58	CN201610007568.5	一种从含锂卤水中提取锂的方法	李震祺；刘立君
59	CN201510853376.1	利用钾长石制备碳酸锂/白炭黑复合材料的方法	洛阳绿仁环保设备有限公司
60	CN201510448320.8	回收有价金属的方法	朝阳科技大学
61	CN201410509720.0	一种从高镁含锂卤水中提取制备高纯锂盐的工艺方法	中国科学院上海高等研究院
62	CN201511024951.3	一种锂电池的钴酸锂材料的修复回收方法	深圳先进技术研究院
63	CN201511028315.8	一种高纯亚微米级碳酸锂的制备方法	中国科学院青海盐湖研究所
64	CN201510938210.X	一种从医疗垃圾含锂废液中回收利用锂的工艺方法	郑州仁宏医药科技有限公司
65	CN201520725753.9	一种碳酸锂专用烘干器	江西江锂新材料科技有限公司
66	CN201510726061.0	一种碳酸锂生产中沉锂母液闭环回收的方法	华陆工程科技有限责任公司；青海盐湖佛照蓝科锂业股份有限公司
67	CN201510784060.1	一种含锂铝电解质综合回收利用的方法	多氟多化工股份有限公司
68	CN201510645818.3	一种从废锂电池负极材料中分离锂和石墨并资源化利用的方法	同济大学
69	CN201520752071.7	一种提高卤水浓度的系统	安风玢

序号	申请号	名称	申请（专利权）人
70	CN201510866021.6	一种萃取碱金属或碱土金属的萃取体系及其应用	中国科学院青海盐湖研究所
71	CN201510899925.9	一种高纯碳酸锂的三合一制备工艺	汕头市泛世矿业有限公司
72	CN201510867360.6	一种电解铝废渣提锂方法	多氟多化工股份有限公司
73	CN201410362622.9	一种生产中氯化锂溶液除钙工艺	李明雄
74	CN201510672436.X	一种节水的氯化锂溶液除镁工艺	华陆工程科技有限责任公司；青海盐湖佛照蓝科锂业股份有限公司
75	CN201510646090.6	一种三元复合沉淀剂及其用于高镁锂比卤水锂镁分离	成都理工大学
76	CN201510678815.X	以青海盐湖卤水为原料一步合成α-LiFeO$_2$纳米粒子的方法	天津大学
77	CN201510753116.7	一种钛系锂离子筛吸附剂、其前驱体、制备方法及应用	华东理工大学
78	CN201510773893.8	一种磷酸铁锂动力电池的回收利用方法	福州大学
79	CN201510711266.1	一种降低高镁锂比盐湖卤水中镁锂比的方法	中国科学院青海盐湖研究所
80	CN201510607576.9	一种碳酸锂废液综合利用的方法	中南民族大学
81	CN201410296101.8	一种快速浓缩卤水制取碳酸锂的方法	西藏金浩投资有限公司
82	CN201510714659.8	一种超高活性氟化锂的纯化方法	湖北省宏源药业科技股份有限公司
83	CN201520545660.8	一种有机锂过滤器清理装置	宜兴市昌吉利化工有限公司
84	CN201520642526.X	一种从医药及合成塑料含锂废料回收锂的反应装置	何君韦
85	CN201520346700.6	一种制备氢氧化锂的系统	江西稀有金属钨业控股集团有限公司
86	CN201510710663.7	一种利用高镁锂比盐湖卤水制备氢氧化锂的方法	中国科学院青海盐湖研究所
87	CN201510448857.4	一种萃取分离镍和锂的微乳液体系及方法	滨州学院

序号	申请号	名称	申请（专利权）人
88	CN201510477466.5	一种利用铁锂云母制备碳酸锂和硫酸钾的方法	昊青薪材（北京）技术有限公司
89	CN201510438178.9	一种高锂盐湖卤水提取氯化锂的方法	韦海棉
90	CN201510253366.4	从卤水中提取镁、锂同时生产水滑石的工艺方法	北京化工大学
91	CN201510621200.3	一种从低锂卤水中分离镁和富集锂生产碳酸锂的方法	湘潭大学
92	CN201510492761.8	一种复合沉淀剂及其用于高镁锂比卤水锂镁分离方法	成都理工大学
93	CN201510712033.3	一种利用高镁锂比盐湖卤水制备碳酸锂的方法	中国科学院青海盐湖研究所
94	CN201510526884.9	双极膜法从溶液中回收氢氧化锂工艺	杭州蓝然环境技术有限公司
95	CN201510526678.8	一种从医药及合成塑料含锂废液中回收利用锂的工艺方法	何君韦
96	CN201510359045.2	氟磺酸锂的制造方法、氟磺酸锂、非水电解液以及非水电解质二次电池	三菱化学株式会社
97	CN201510523691.8	一种从报废锂电池回收利用锂的工艺方法	何君韦
98	CN201510487084.0	一种氢氟酸浸出富集铝质岩中锂元素的方法	贵州大学
99	CN201510419476.3	由氯化锂制备碳酸锂的方法	辛博尔股份有限公司
100	CN201510411301.8	从盐湖卤水中萃取锂的萃取体系	中国科学院青海盐湖研究所
101	CN201510411322.X	从盐湖卤水中萃取锂的方法	中国科学院青海盐湖研究所
102	CN201510437213.5	一种高锂盐湖卤水制备碳酸锂的方法	韦海棉
103	CN201510515584.0	高纯碳酸锂的制备方法	陈燕
104	CN201520461814.5	一种加速盐湖卤水析出碳酸锂的装置	王泓瑄
105	CN201480012013.9	锂金属磷酸盐的制备方法	三星精密化学株式会社
106	CN201380053321.1	从旧原电池的含有锂锰氧化物的级分中湿法冶金回收锂的方法	罗克伍德锂有限责任公司
107	CN201380053322.6	从旧原电池的含有锂－过渡金属－氧化物的级分中湿法冶金回收锂、镍、钴的方法	罗克伍德锂有限责任公司

序号	申请号	名称	申请（专利权）人
108	CN201510432858.X	一种氟化氢废气治理及资源化利用的方法及设备	南京格洛特环境工程股份有限公司
109	CN201510392024.0	从盐湖卤水中提取锂的方法	青海恒信融锂业科技有限公司
110	CN201510340686.3	一种氯化锂溶液深度除镁的方法	中南大学
111	CN201520369654.1	粒状锂离子筛吸附剂提锂的装置	浙江工业大学
112	CN201510353347.9	一种电池级一水氢氧化锂的制备方法	海门容汇通用锂业有限公司
113	CN201510321305.7	一种工业级金属锂精炼设备及其精炼方法	无锡职业技术学院
114	CN201510321466.6	一种电池级金属锂精炼设备及其精炼方法	无锡职业技术学院
115	CN201510374978.9	一种回收电池级碳酸锂沉锂母液制备锂盐的方法	江西赣锋锂业股份有限公司
116	CN201510268977.6	从含锂卤水中提锂的方法	中国科学院青海盐湖研究所；浙江晶泉水处理设备有限公司
117	CN201510277922.1	锂离子吸附柱及其制备方法	中国科学院青海盐湖研究所；浙江晶泉水处理设备有限公司
118	CN201520366799.6	金属锂废渣回收装置	乌鲁木齐市亚欧稀有金属有限责任公司
119	CN201520340183.1	锂离子吸附柱	中国科学院青海盐湖研究所；浙江晶泉水处理设备有限公司
120	CN201380053323.0	从旧原电池的含有磷酸铁锂的级分中湿法冶金回收锂的方法	罗克伍德锂有限责任公司
121	CN201380067333.X	从含锂溶液中提取锂的方法	浦项产业科学研究院；POSCO公司
122	CN201510134551.1	制备高纯度氢氧化锂和盐酸的方法	罗克伍德锂公司
123	CN201420850498.6	一种金属锂熔融生产装置	天津中能锂业有限公司
124	CN201510295996.8	一种硫酸处理锂云母提锂除铝的方法	江西合纵锂业科技有限公司
125	CN201510321579.6	一种废旧电池级锂箔的回收方法	无锡职业技术学院
126	CN201510274466.5	一种制备氢氧化锂的方法与系统	江西稀有金属钨业控股集团有限公司

序号	申请号	名称	申请（专利权）人
127	CN201520185258.3	一种钠钾锂及锂渣废料处理装置	宜春赣锋锂业有限公司
128	CN201510137960.7	一种从卤水中提取锂的方法	中南大学
129	CN201410296274.X	利用高温卤水纯化和分离碳酸锂混盐的方法	广州市睿石天琪能源技术有限公司
130	CN201510206161.0	一种改良的固氟重构锂云母提取碱金属化合物的方法	中南大学
131	CN201510260766.8	分步真空气化法提纯金属锂	叶常君；叶航
132	CN201510151737.8	从高镁锂比盐湖卤水中制取高纯草酸镁、碳酸锂和高纯纳米氧化镁的方法	长沙矿冶研究院有限责任公司
133	CN201510119819.4	一种回收含氟化锂废料制备锂盐的方法	江西赣锋锂业股份有限公司
134	CN201510138036.0	一种分离含镁、锂溶液中镁锂的方法	中南大学
135	CN201510144800.5	一种钠钾锂及锂渣废料处理装置	宜春赣锋锂业有限公司
136	CN201510108230.4	一种从废旧锂离子电池中回收锂的方法	湖南邦普循环科技有限公司；广东邦普循环科技有限公司
137	CN201310718878.4	氢氧化锂的生产工艺	上海凯鑫分离技术有限公司
138	CN201510162237.4	一种高纯碳酸锂的制备方法	湖北百杰瑞新材料股份有限公司
139	CN201310685614.3	一种高镁锂比卤水的分离提取工艺与装置	江南大学
140	CN201510138014.4	一种从含锂溶液中提取锂的方法	中南大学
141	CN201280076111.X	从含锂溶液中提取锂的方法	POSCO公司；浦项产业科学研究院
142	CN201380050491.4	高纯度二氟磷酸锂的生产	朗盛德国有限责任公司
143	CN201310578692.3	一种从铁锂云母中获取碳酸锂的方法	湖南厚道矿业有限公司；长沙矿冶研究院有限责任公司
144	CN201510042344.3	氟磺酸锂的制造方法、氟磺酸锂、非水电解液以及非水电解质二次电池	三菱化学株式会社
145	CN201410832074.1	废旧锂离子电池中有价金属回收的方法	长沙矿冶研究院有限责任公司
146	CN201510017033.1	废旧钴酸锂锂离子电池正负极残料资源化方法	上海交通大学
147	CN201410834599.9	从宜春钽铌尾矿锂云母中提取碳酸锂并获得副产品的方法	宜春市科远化工有限公司

序号	申请号	名称	申请（专利权）人
148	CN201410807242.1	一种从锂辉石中提取锂的方法	青岛无为保温材料有限公司
149	CN201380029268.1	制备纯的含锂溶液的方法和设备	奥图泰（芬兰）公司
150	CN201420686384.2	一种真空金属热还原炼锂的装置	东北大学
151	CN201410772723.3	一种盐湖老卤中镁、锂、硼一体化分离的方法	中国科学院过程工程研究所
152	CN201410834147.0	一种利用锂云母制备氯化锂及其副产品的方法	宜春市科远化工有限公司
153	CN201410730161.6	一种从粉煤灰中提取碳酸锂的方法	宋英宏
154	CN201410733469.6	锂矿石中碳酸锂的提取方法	中国地质科学院郑州矿产综合利用研究所
155	CN201410662319.0	一种硫酸钠亚盐型盐湖卤水富集锂的方法	中国科学院青海盐湖研究所
156	CN201410604155.6	一种高镁锂比卤水提锂的新型共萃体系及其共萃方法	天津科技大学
157	CN201410693207.1	一种萃取锂的萃取有机相	中国科学院青海盐湖研究所
158	CN201410651204.1	一种真空金属热还原炼锂的装置及方法	东北大学
159	CN201410551538.1	用盐湖锂盐制备低磁性高纯碳酸锂的方法	金川集团股份有限公司
160	CN201410692875.2	从盐湖卤水中萃取锂的方法	中国科学院青海盐湖研究所
161	CN201410693066.3	盐湖卤水中萃取锂的方法	中国科学院青海盐湖研究所
162	CN201410693097.9	一种盐湖卤水中萃取锂的方法	中国科学院青海盐湖研究所
163	CN201410554977.8	一种分离盐湖老卤中镁锂的方法	中国科学院青海盐湖研究所
164	CN201410522494.X	高纯碳酸锂的制备方法	上海贺鸿电子有限公司
165	CN201410692760.3	一种盐湖卤水中萃取锂的方法	中国科学院青海盐湖研究所
166	CN201420688011.9	一种对锂云母浸出液的除杂系统	赣州有色冶金研究所
167	CN201420604439.0	一种由卤水提取电池级锂的装置	江苏久吾高科技股份有限公司
168	CN201380027423.6	高纯度氟化锂的制备	朗盛德国有限责任公司
169	CN201420597300.8	一种颗粒状氟化锂的合成反应器	江西东鹏新材料有限责任公司
170	CN201410337384.6	一种利用粗碳酸锂制备高纯碳酸锂联产氟化锂的方法	多氟多化工股份有限公司
171	CN201410353274.9	一种吸附法提取盐湖卤水中锂的方法	江苏久吾高科技股份有限公司

序号	申请号	名称	申请（专利权）人
172	CN201410652934.3	一种对锂云母浸出液的除杂方法与系统	赣州有色冶金研究所
173	CN201410522876.2	用于氢氧化锂制备工艺中结晶硫酸钠中锂的回收方法	甘孜州泸兴锂业有限公司
174	CN201410532350.2	一种从锂云母中提取锂盐的方法	李宇龙；胡春晖
175	CN201410555213.0	一种由卤水提取电池级锂的工艺及装置	江苏久吾高科技股份有限公司
176	CN201310304017.1	大颗粒氟化锂的制备方法	上海中锂实业有限公司
177	CN201380003136.1	含锂材料的处理工艺	瑞德工业矿物有限公司
178	CN201410477477.9	电池级无水碘化锂及其制备方法	新疆有色金属研究所
179	CN201410477644.X	一种锂离子的萃取剂	中国科学院青海盐湖研究所
180	CN201410520831.1	一种无水碘化锂的制备方法	湖北佳德新材料有限公司
181	CN201410492352.3	一种通过控制气体流量提高碳酸锂碳化效率的方法	中国科学院青海盐湖研究所
182	CN201410490256.5	一种通过控制进料速度提高碳酸锂碳化效率的方法	中国科学院青海盐湖研究所
183	CN201410478292.X	一种从盐湖卤水中分离锂的方法	中国科学院青海盐湖研究所
184	CN201410478375.9	一种锂离子的萃取体系	中国科学院青海盐湖研究所
185	CN201410443005.1	一种从锂离子电池回收物制备电池级碳酸锂的方法	湖南邦普循环科技有限公司；广东邦普循环科技有限公司
186	CN201380021657.X	用于回收碳酸锂的方法	奥图泰（芬兰）公司
187	CN201280072179.0	生产氢氧化锂的方法以及使用氢氧化锂生产碳酸锂的方法	POSCO公司；浦项产业科学研究院；株式会社MPPLY
188	CN201410490180.6	一种提高碳酸锂碳化效率的方法	中国科学院青海盐湖研究所
189	CN201410490349.8	一种碳酸氢锂溶液的制备方法	中国科学院青海盐湖研究所
190	CN201410491612.5	一种通过控制物料浓度提高碳酸锂碳化效率的方法	中国科学院青海盐湖研究所
191	CN201410409999.5	制备金属锂的方法	北京神雾环境能源科技集团股份有限公司

续表

序号	申请号	名称	申请（专利权）人
192	CN201410414358.9	回收废旧锂离子电池中金属元素的方法	宁波卡尔新材料科技有限公司
193	CN201310239532.6	一种含氟萃取剂及其应用	中国科学院上海有机化学研究所
194	CN201410247469.5	一种锂云母硫酸压煮法提取锂盐的工艺	江西江锂新材料科技有限公司
195	CN201410247471.2	锂云母硫酸钾压煮法制单水氢氧化锂	江西江锂新材料科技有限公司
196	CN201410354162.5	一种锂离子电池正极材料电化学提取锂的方法	国家电网公司；国网江西省电力科学研究院；武汉大学
197	CN201420125756.4	硫酸锂净化浓缩液的生产设备	中国恩菲工程技术有限公司
198	CN201280069426.1	锂的回收方法	住友金属矿山株式会社
199	CN201280068928.2	锂的回收方法	住友金属矿山株式会社
200	CN201410247470.8	一种锂辉石硫酸压煮法提取锂盐的工艺	江西江锂新材料科技有限公司
201	CN201410280343.8	利用废旧锰酸锂电池制备镍锰酸锂的方法	奇瑞汽车股份有限公司
202	CN201410248243.7	一种盐湖卤水提取碳酸锂的方法	无锡市崇安区科技创业服务中心
203	CN201420078955.4	一种用于碳酸锂的提纯装置	上海中锂实业有限公司
204	CN201420078998.2	一种制备无水氯化锂用的蒸发及冷却装置	上海中锂实业有限公司
205	CN201410047103.3	一种回收利用盐湖提锂母液并副产碱式碳酸镁的方法	青海锂业有限公司
206	CN201410065121.4	制备高性能卤水提锂吸附剂的方法及其制的吸附剂	江苏海普功能材料有限公司
207	CN201420073469.3	一种从锂辉石中提碳酸锂的装置	汕头市泛世矿业股份有限公司
208	CN201410253609.X	一种用锂辉石精矿制取片状高纯氢氧化锂的制备方法	四川国润新材料有限公司
209	CN201410256305.9	一种锂辉石管道反应器溶出生产氢氧化锂的方法	福州大学
210	CN201280061350.8	从含锂溶液中提取锂的方法	浦项产业科学研究院

序号	申请号	名称	申请（专利权）人
211	CN201410220186.1	一种用介孔分子筛分离回收废旧锂离子电池中锂的方法	陕西省环境科学研究院
212	CN201410229271.4	一种锂辉石精矿生产氟化锂的工艺	甘孜州泸兴锂业有限公司
213	CN201410216658.6	一种锂辉石硫酸法生产碳酸锂工艺母液中锂的回收方法	甘孜州泸兴锂业有限公司
214	CN201410217808.5	一种锂辉石精矿硫酸法生产碳酸锂工艺	甘孜州泸兴锂业有限公司
215	CN201320868761.X	一种盐卤氯化锂的提取装置	江苏久吾高科技股份有限公司
216	CN201180074833.7	用于从浓锂卤水制备碳酸锂的方法	奥若可博有限公司
217	CN201420017827.9	一种制备高纯碳酸锂的多功能一体化工业装置	朱彬元
218	CN201410175543.7	利用盐湖卤水电解制备氢氧化锂的方法	中国科学院青海盐湖研究所
219	CN201410103322.9	硫酸锂净化浓缩液的生产方法	中国恩菲工程技术有限公司
220	CN201410103325.2	硫酸锂净化浓缩液的生产设备	中国恩菲工程技术有限公司
221	CN201410081423.0	从硫酸锂粗矿分离提取锂的方法	中国科学院青海盐湖研究所
222	CN201410124102.4	一种由碳酸锂生产氢氧化锂的电解—双极膜电渗析系统及其生产方法	中国科学技术大学
223	CN201410124047.9	一种由盐湖卤水提取氢氧化锂的方法	中国科学技术大学
224	CN201410098348.9	一种低品位含锂粘土矿提锂方法	河南省岩石矿物测试中心
225	CN201410027993.1	制备5N级高纯碳酸锂的方法	四川天齐锂业股份有限公司
226	CN201320646089.X	一种适用于工业自动化生产的卤水结晶碳酸锂的装置	西藏日喀则扎布耶锂业高科技有限公司；西藏金浩投资有限公司
227	CN201210437155.2	一种用于分离锂同位素的萃取剂及其应用	中国科学院上海有机化学研究所
228	CN201210425557.0	一种从盐湖卤水中提取碳酸锂的方法	西藏国能矿业发展有限公司
229	CN201210432302.7	一种从卤水中提取锂的材料及方法	华东理工大学
230	CN201410035255.1	一种用做提取锂分离材料的制备方法	王金明
231	CN201410026237.7	准分馏萃取法分离氯化锂中碱土金属杂质的工艺	南昌航空大学
232	CN201310731430.6	一种盐卤氯化锂的提取方法及装置	江苏久吾高科技股份有限公司

序号	申请号	名称	申请（专利权）人
233	CN201310690406.2	一种从盐湖卤水高效萃取锂的方法	天津科技大学
234	CN201310694536.3	一种用于液态提锂的锂渣吸附剂的制备方法	南京工业大学
235	CN201410023087.4	一种从锂精矿生产电池级碳酸锂的方法	长沙有色冶金设计研究院有限公司
236	CN201320568542.X	高纯度碳酸锂的制备系统	西藏金睿资产管理有限公司；朱彬元
237	CN201210592085.8	一种六氟磷酸锂原料的高纯氟化锂制备方法	枣庄海帝新能源锂电科技有限公司
238	CN201210295828.5	一种从含锂盐湖卤水中提取锂盐的方法和装置	宁波莲华环保科技股份有限公司
239	CN201320617513.8	一种用于金属锂真空低温提纯的装置	天津中能锂业有限公司
240	CN201310630619.6	一种以废旧锂离子电池为原料制备锰酸锂正极材料的方法	河南师范大学
241	CN201310587771.0	一种用盐湖老卤兑硝蒸发脱镁的生产工艺	化工部长沙设计研究院
242	CN201310571755.2	一种从高镁锂比盐湖卤水中精制锂的方法	中国科学院青海盐湖研究所
243	CN201310573627.1	一种从高镁锂比盐湖卤水中精制锂的方法	中国科学院青海盐湖研究所
244	CN201310573923.1	利用自然能从混合卤水中制备硫酸锂盐矿的方法	中国科学院青海盐湖研究所；西藏国能矿业发展有限公司
245	CN201310573972.5	利用自然能从混合卤水中制备锂硼盐矿的方法	中国科学院青海盐湖研究所；西藏国能矿业发展有限公司
246	CN201310577884.2	一种制备高纯氟化锂的方法	上海晶纯生化科技股份有限公司
247	CN201310572330.3	利用自然能从混合卤水中提取Mg、K、B、Li的方法	中国科学院青海盐湖研究所；西藏国能矿业发展有限公司

序号	申请号	名称	申请（专利权）人
248	CN201310572377.X	利用自然能从混合卤水中提取Mg、K、B、Li的方法	中国科学院青海盐湖研究所；西藏国能矿业发展有限公司
249	CN201310452399.2	消除溴化锂溶液中钙镁离子的方法	昆山市周市溴化锂溶液厂
250	CN201310496057.0	基于镁锂硫酸盐晶体形态及密度和溶解度差异的镁锂分离工艺	马迎曦
251	CN201310507167.2	从硫酸钠亚型盐湖联合提取钾镁肥、硼酸和碳酸锂的方法	中国地质科学院郑州矿产综合利用研究所
252	CN201310507395.X	利用工业级碳酸锂制备电池级碳酸锂或高纯碳酸锂的方法	中国地质科学院郑州矿产综合利用研究所
253	CN201310531016.0	从废旧锂离子电池和/或其材料中回收有价金属的方法	长沙矿冶研究院有限责任公司
254	CN201310496293.2	一种制备高纯度三水碘化锂联产硫酸锂的方法	瓮福（集团）有限责任公司
255	CN201310452762.0	氯化物型含钾地下卤水联合提取钾、硼、锂的方法	中国地质科学院郑州矿产综合利用研究所
256	CN201210464058.2	萃取法从含锂卤水中提取锂盐的方法	中国科学院上海有机化学研究所；中国科学院青海盐湖研究所
257	CN201180015930.9	由盐水制备高纯度碳酸锂的方法	韩国地质资源研究院
258	CN201310312135.7	碳酸锂生产中净化除镁的自动控制方法	青海锂业有限公司；长沙有色冶金设计研究院有限公司
259	CN201310312137.6	一种氯化锂溶液净化除镁的方法	青海锂业有限公司；长沙有色冶金设计研究院有限公司
260	CN201310463888.8	利用蒸发—冷冻原理从油田水中富集锂除钙的方法	中国科学院青海盐湖研究所
261	CN201310450424.3	无水溴化锂的精制方法	昆山市周市溴化锂溶液厂
262	CN201310451528.6	一种综合利用碳酸盐型盐湖卤水中钾、硼、锂的方法	中国地质科学院郑州矿产综合利用研究所
263	CN201320356655.3	一种加速盐湖水中碳酸锂结晶的装置	西藏金浩投资有限公司；易丹青

续表

序号	申请号	名称	申请（专利权）人
264	CN201320422705.3	差别提取盐湖卤水中碳酸锂和 NaCl、KCl 的系统	西藏金睿资产管理有限公司；易丹青
265	CN201310450313.2	一种用于选择性提取锂的钒氧化物及其应用	中南大学
266	CN201310460612.4	一种低温浓缩不饱和盐湖卤水的方法	中国科学院青海盐湖研究所
267	CN201310417287.3	高纯度碳酸锂的制备方法及系统	西藏金睿资产管理有限公司；朱彬元
268	CN201280018004.1	氟磺酸锂的制造方法、氟磺酸锂、非水电解液以及非水电解质二次电池	三菱化学株式会社
269	CN201310376702.5	一种制备高纯氟化锂的系统及方法	陕西延长石油集团氟硅化工有限公司
270	CN201310387448.9	电池级高纯氟化锂及其制备方法	新疆有色金属研究所
271	CN201210171673.4	制备碳酸锂的方法	日铁矿业株式会社；住友商事株式会社
272	CN201310393122.7	一种从卤水中提取锂的工艺	马迎曦
273	CN201310294073.1	一种氟化锂的制备工艺	中南大学；湖南有色氟化学科技发展有限公司
274	CN201310348062.7	一种高、低温兼容型金属锂蒸馏设备及其蒸馏方法	无锡职业技术学院
275	CN201310348064.6	一种低温金属锂蒸馏设备及其蒸馏方法	无锡职业技术学院
276	CN201310369597.2	碳酸锂的生产工艺	四川国理锂材料有限公司
277	CN201320346694.5	一种从锂云母矿中回收锂、铷和/或铯的系统	赣州有色冶金研究所
278	CN201310320903.3	一种碳酸盐型盐湖卤水富集锂的方法	中国科学院青海盐湖研究所
279	CN201310267012.6	一种电池级碳酸锂的制备工艺	西北矿冶研究院
280	CN201310281792.X	废弃锂离子电池中有价金属浸出工艺及其装置	南昌航空大学
281	CN201280006714.2	有价金属的浸出方法及使用了该浸出方法回收有价金属的方法	住友金属矿山株式会社
282	CN201180058879.X	从饱和钠的卤水回收锂值的处理方法	FMC 公司
283	CN201210505072.2	制备碳酸锂的方法	日铁矿业株式会社；东洋工程株式会社；住友商事株式会社

序号	申请号	名称	申请（专利权）人
284	CN201310239742.5	一种从锂云母矿中回收锂、铷和/或铯的方法与系统	赣州有色冶金研究所
285	CN201310243237.8	一种用锂精矿生产高纯碳酸锂的方法	海门容汇通用锂业有限公司
286	CN201310246045.2	一种加速盐湖卤水中碳酸锂结晶的方法	西藏金浩投资有限公司；易丹青
287	CN201310247499.1	一种快速提取盐湖水中碳酸锂的方法及系统	西藏金浩投资有限公司；易丹青
288	CN201310245958.2	高压蒸汽法处理锂矿石提锂工艺	江西省科学院应用化学研究所
289	CN201220745681.0	从锂辉石精矿制备碳酸锂的系统	中国恩菲工程技术有限公司
290	CN201310105713.X	一种磷酸铁锂电池正极废片回收方法	江西省电力科学研究院；国家电网公司
291	CN201210591327.1	从锂辉石精矿制备碳酸锂的系统	中国恩菲工程技术有限公司
292	CN201180060370.9	正极活性物质的分离方法和从锂离子电池中回收有价金属的方法	住友金属矿山株式会社
293	CN201210036645.1	从盐湖卤水中提取锂、镁的方法	西藏国能矿业发展有限公司
294	CN201310098218.0	利用有机锡氟化物制备高纯度氟化锂以及六氟磷酸锂的方法	中山市华玮新能源科技有限公司；余佩娟；余佩华
295	CN201180058613.5	碱金属分离和回收方法以及碱金属分离和回收装置	东丽株式会社
296	CN201310124971.2	采用自然能富集分离硫酸盐型盐湖卤水中有益元素的方法	中国科学院青海盐湖研究所；西藏阿里旭升盐湖资源开发有限公司
297	CN201310124579.8	利用高原硫酸盐型盐湖卤水制备锂盐矿的方法	中国科学院青海盐湖研究所；西藏阿里旭升盐湖资源开发有限公司
298	CN201310125330.9	从硫酸盐型盐湖卤水中富集硼锂元素的方法	中国科学院青海盐湖研究所；西藏阿里旭升盐湖资源开发有限公司
299	CN201310138044.6	纯碱压浸法从锂辉石提取锂盐的方法	江西赣锋锂业股份有限公司；宜春赣锋锂业有限公司
300	CN201110437928.2	从铝质岩中提取金属锂的方法	贵州大学

续表

序号	申请号	名称	申请（专利权）人
301	CN201180049594.X	用于从锂二次电池废料中回收有价值金属的方法	LS—日光铜制炼株式会社
302	CN201220603734.5	一种烷基锂连续化生产系统	宜兴市昌吉利化工有限公司
303	CN201310088085.9	一种锂云母混酸加热装置	江西本源新材料科技有限公司
304	CN201310062852.9	一种硫酸焙烧法锂云母制备碳酸锂的方法	江西赣锋锂业股份有限公司
305	CN201210554144.2	一种废锂负极片的回收系统及方法	东江环保股份有限公司
306	CN201180048492.6	从锂离子电池废物中对锂的有效回收	英派尔科技开发有限公司
307	CN201220705481.2	一种废锂负极片的回收系统	东江环保股份有限公司
308	CN201310037306.X	利用混酸分离铝质岩中的锂元素并制备碳酸锂的方法	贵州大学
309	CN201310050536.X	一种无钠型四氧化三锰生产母液循环综合利用的方法	中南大学
310	CN201210567380.8	一种制备锂离子筛 $MnO_2 \cdot 0.5H_2O$ 及其前驱体 $Li_{1.6}Mn_{1.6}O_4$ 的方法	华东理工大学
311	CN201310053619.4	一种从锂矿的一次提锂溶液中提取锂的方法	宁波莲华环保科技股份有限公司
312	CN201310046360.0	从粉煤灰制取碳酸锂的方法	中国神华能源股份有限公司
313	CN201110374234.9	高纯碳酸锂的制备方法	肖福常
314	CN201180043520.5	通过电解从含锂溶液中提取高纯度锂的方法	浦项产业科学研究院
315	CN201110350045.8	以镁离子参与反应的从卤水中提取碳酸锂的制备方法	唐梓
316	CN201310001733.2	一种电池级碳酸锂的清洁化生产方法	阿坝中晟锂业有限公司
317	CN201210425197.4	一种磷肥副产氟化钠制备氟化锂的方法	云南云天化国际化工股份有限公司
318	CN201310035015.7	用于从高镁锂比的盐湖卤水分离锂的盐湖卤水处理方法	中国科学院青海盐湖研究所；五矿盐湖有限公司
319	CN201080067082.1	由氯化锂制备碳酸锂的方法	辛博尔矿业公司
320	CN201180039418.8	从含锂溶液中经济地提取锂的方法	浦项产业科学研究院

序号	申请号	名称	申请（专利权）人
321	CN201210164150.7	采用萃取法从含锂卤水中提取锂盐的方法	中国科学院上海有机化学研究所；中国科学院青海盐湖研究所
322	CN201210164159.8	从含锂卤水中提取锂盐的方法	中国科学院上海有机化学研究所；中国科学院青海盐湖研究所
323	CN201210562235.0	一种处理废旧锂离子电池正极片提取有价金属的方法	中南大学
324	CN201210417698.8	一种制备无水溴化锂的方法	新余赣锋有机锂有限公司
325	CN201210591008.0	分离碳酸盐型含锂、钾卤水中碳酸根及制备钾石盐矿、碳酸锂精矿的方法	西藏旭升矿业开发有限公司
326	CN201110321563.7	一种规模化提取海水中微量锂离子的方法及装置	浙江海洋学院
327	CN201180022561.6	在氯化物形成的盐溶液中贫化镁和富集锂的方法	北卡德米弗莱贝格工业大学；托马斯弗里亚斯自治大学
328	CN201310001972.8	一种从废旧锂离子电池中分离回收锂的方法	深圳市泰力废旧电池回收技术有限公司
329	CN201210511479.6	一种液－液－液三相萃取预富集与分离盐湖卤水中锂和硼的方法	中国科学院过程工程研究所
330	CN201210512662.8	从锂云母原料中提取锂盐的方法	宜春银锂新能源有限责任公司
331	CN201210590091.X	从锂辉石精矿制备碳酸锂的方法	中国恩菲工程技术有限公司
332	CN201210055323.1	从含锂卤水中提取锂盐的方法	中国科学院青海盐湖研究所；中国科学院上海有机化学研究所
333	CN201210557214.X	一种利用盐湖卤水制取电池级碳酸锂的方法	青海锂业有限公司
334	CN201210490349.9	一种从盐湖卤水中制取高纯碳酸锂的方法	西藏金浩投资有限公司；易丹青
335	CN201110243034.X	废旧动力电池三元系正极材料处理方法	深圳市格林美高新技术股份有限公司

序号	申请号	名称	申请（专利权）人
336	CN201180016372.8	高纯碳酸锂和其它高纯含锂化合物的制备方法	辛博尔股份有限公司
337	CN201220414456.9	一种利用废热从含锂盐湖卤水中提取锂盐的装置	宁波莲华环保科技股份有限公司
338	CN201210521918.1	一种使用氧化锰吸附材料提取锂离子的方法	上海空间电源研究所
339	CN201210467302.0	一种从粉煤灰中综合提取铝和锂的方法	河北工程大学
340	CN201210467303.5	酸法处理粉煤灰综合提取铝和锂的工艺方法	河北工程大学
341	CN201210397192.5	高原硫酸盐型硼锂盐湖卤水的清洁生产工艺	中国科学院青海盐湖研究所；西藏阿里旭升盐湖资源开发有限公司
342	CN201210405266.5	液相法制备磷酸亚铁锂方法中产生母液的回收利用方法	四川天齐锂业股份有限公司
343	CN201210348349.5	一种由氯化锂和二氧化碳直接制备碳酸锂的方法	清华大学
344	CN201080066309.0	锂回收装置及其回收方法	上原春男
345	CN201080065025.X	用于制造碳酸锂的方法	银河资源有限公司
346	CN201210334501.4	从含锂制药废水回收锂生产电解专用无水氯化锂的方法	奉新赣锋锂业有限公司
347	CN201210377337.5	六元水盐体系盐湖卤水除镁及硫酸根离子的方法	新疆安华矿业投资有限公司
348	CN201210381868.1	氟化锂的提取方法	江西本源新材料科技有限公司
349	CN201210340503.4	用锂辉石直接生产环保型 $LiOH \cdot H_2O$ 的方法	四川国润新材料有限公司
350	CN201210345099.X	一种工业化生产工业级、电池级或高纯单水氢氧化锂的方法	四川长和华锂科技有限公司
351	CN201210371186.2	一种使用氧化锰离子筛吸附剂从盐湖卤水中吸附锂离子的方法	上海空间电源研究所

序号	申请号	名称	申请（专利权）人
352	CN201210339965.4	从碳酸盐型卤水中提取碳酸锂的方法	中国地质科学院盐湖与热水资源研究发展中心
353	CN201110145664.3	硝酸锂的制取方法	上海中锂实业有限公司
354	CN201110145665.8	无水硝酸锂的制取方法	上海中锂实业有限公司
355	CN201220108351.0	用于提纯金属锂的真空蒸馏提纯炉	重庆昆瑜锂业有限公司
356	CN201210329808.5	无尘级单水氢氧化锂的新型制备方法	雅安华汇锂业科技材料有限公司
357	CN201210298517.4	一种用卤水制备碳酸锂的方法	东莞市广华化工有限公司
358	CN201210148469.0	将单价金属与多价金属分离的方法	罗门哈斯公司
359	CN201210243318.3	一种从锂辉石提取锂制备锂盐的方法	江西赣锋锂业股份有限公司
360	CN201210247158.X	硫酸盐型盐湖卤水中 Li^+ 的高浓度富集盐田方法	中国科学院青海盐湖研究所
361	CN201210240882.X	从锂云母中提取碳酸锂的方法	张勇；袁礼寿；凌庄坤
362	CN201210167969.9	一种高效强化浸出废弃锂离子电池中金属的方法	南昌航空大学
363	CN201210179652.7	一种从废旧钴酸锂电池中回收有价金属的方法	奇瑞汽车股份有限公司
364	CN201210072089.3	一种从锂辉石提锂制备单水氢氧化锂的方法	江西赣锋锂业股份有限公司
365	CN201220015263.6	电池用碘化锂的制备装置	北京化学试剂研究所
366	CN201210217426.3	用低品位 α 锂辉石为原料直接提取锂的方法	贵州开磷（集团）有限责任公司
367	CN201220023682.4	一种工业化生产高纯碳酸锂的反应釜	四川长和华锂科技有限公司
368	CN201120448322.4	用于锂云母提取锂反应的回转窑	山东瑞福锂业有限公司
369	CN201210163286.6	一种锂云母循环酸浸提取工艺	张韵；凌玉峰；袁灿
370	CN201210115222.9	一种新型高效废旧锂离子电池资源化综合利用方法	西南科技大学
371	CN201210143879.6	一种从高镁锂比盐湖卤水中分离镁和提取锂的方法	湘潭大学
372	CN201210032829.0	一种制备锂吸附剂树脂的方法	西安蓝晓科技新材料股份有限公司

序号	申请号	名称	申请（专利权）人
373	CN201210100001.4	一种盐湖卤水镁锂分离及制备碳酸锂的方法	华东理工大学
374	CN201210071694.9	一种硝酸锂的制备方法	海门容汇通用锂业有限公司
375	CN201110361694.8	从含锂卤水中直接制备高纯度锂化合物的方法	凯米涛弗特公司
376	CN201210015979.0	一种生产电池级碳酸锂或高纯碳酸锂的工业化方法	四川长和华锂科技有限公司
377	CN201210031264.4	从碳酸盐型卤水中提取碳酸锂的方法	中国地质科学院盐湖与热水资源研究发展中心
378	CN201210017163.1	一种锰系废旧电池中有价金属的回收利用方法	佛山市邦普循环科技有限公司
379	CN201210017252.6	一种真空铝热还原炼锂的方法	东北大学
380	CN201210044703.5	一种生物淋滤浸提废旧电池中有价金属离子的方法	北京理工大学
381	CN201210015213.2	从氯化锂原液中制取高纯度碳酸锂的方法	黄三贵
382	CN201110436996.7	一种纯化碳酸锂的方法	四川天齐锂业股份有限公司
383	CN201110445347.3	锂离子筛膜及其制备方法	河北工业大学
384	CN201110359293.9	一种电池级碳酸锂的制备方法	山东瑞福锂业有限公司
385	CN201110361621.9	一种从锂矿石中提锂制备碳酸锂的方法	薛彦辉
386	CN201110331530.0	深度碳化法处理碳酸盐型锂精矿生产电池级碳酸锂工艺	白银扎布耶锂业有限公司
387	CN201110358864.7	以碳酸盐型卤水和硫酸盐型卤水为原料用重复兑卤法制取碳酸锂的生产方法	陈兆华
388	CN201110427431.2	一种回收废旧锂离子电池电解液的方法	中国海洋石油总公司；中海油天津化工研究设计院
389	CN201110425430.4	锂同位素水溶液萃取分离的方法	江南大学
390	CN201010295933.X	用水作为循环工作物质（水洗循环法）以提高含锂卤水膜法分离锂的回收率的方法	王辉

序号	申请号	名称	申请（专利权）人
391	CN201110226695.1	微波作用于锂辉石原矿生产β-锂辉石精矿的方法	四川省菁英矿业开发有限公司
392	CN201110260491.X	海水苦卤多元素提取及零排放的方法	莱州诚源盐化有限公司
393	CN201110282554.1	碳酸锂的精制方法	吉坤日矿日石金属株式会社
394	CN201110287115.X	从高镁锂比盐湖卤水中提取超高纯度碳酸锂的方法	江苏海龙锂业科技有限公司
395	CN201110287128.7	一种超高纯度碳酸锂的制备方法	江苏海龙锂业科技有限公司
396	CN201110287334.8	一种氯化物型盐湖卤水的利用方法	江苏海龙锂业科技有限公司
397	CN201110237292.7	一种用于盐湖卤水中提锂的螯合树脂深度除镁方法	西安蓝晓科技新材料股份有限公司
398	CN201110358932.X	锂辉石精矿氟化学提锂工艺	山东瑞福锂业有限公司
399	CN201110296543.9	金属锂的回收方法	株式会社半导体能源研究所
400	CN201010287678.4	一种采用溶析—反应结晶制备碳酸锂超细粉体的方法	华东理工大学
401	CN201010287696.2	一种制备高纯碳酸锂超细微粉的方法	华东理工大学
402	CN201010559282.0	一种除去电池级碳酸锂中钙、镁、铁、钠、钾阳离子杂质的方法	兰州大学
403	CN201120232514.1	一种盐湖卤水镁锂分离及富集锂的装置	中南大学
404	CN201110330073.3	一种回收再生锂离子电池正极材料的方法	北京理工大学
405	CN201110341431.0	一种真空铁热还原制取金属锂的方法	昆明理工大学
406	CN201110185128.6	一种盐湖卤水镁锂分离及富集锂的方法和装置	中南大学
407	CN201110230903.5	锂的回收方法及锂的回收装置	独立行政法人日本原子力研究开发机构
408	CN201010250064.9	一种从卤水中分离镁和浓缩锂的方法	张慧媛
409	CN201110224059.5	盐析法盐湖卤水除镁生产碳酸锂、硼酸和高纯氧化镁的方法	王传福；张占良；李隆岗
410	CN201080011083.4	提纯碳酸氢锂的方法	奥图泰有限公司
411	CN201110370032.7	碱溶法处理锂云母提锂的方法	江西省科学院应用化学研究所

序号	申请号	名称	申请（专利权）人
412	CN201110320501.4	以锂矿为锂源生产磷酸亚铁锂的方法	四川天齐锂业股份有限公司
413	CN201010222444.1	膜萃取—反萃从盐湖卤水和海水中提取碱金属的方法	何涛；南京奥特高科技有限公司
414	CN201110225445.6	提取碳酸锂的方法	江西本源新材料科技有限公司
415	CN201110147698.6	一种从电动汽车磷酸铁锂动力电池中回收锂和铁的方法	佛山市邦普循环科技有限公司
416	CN201110205976.9	一种从高镁锂比盐湖卤水中提取碳酸锂的方法	清华大学
417	CN201010199758.4	从废旧锂离子二次电池回收金属锂的方法	深圳市雄韬电源科技股份有限公司
418	CN201110185358.2	一种结晶法制备碳酸锂纳米颗粒的方法	清华大学
419	CN201110184256.9	一种沉淀法制备碳酸锂纳米颗粒的方法	清华大学
420	CN201110117929.9	循环利用氯化钾富集饱和氯化镁卤水中微量元素的方法	中国科学院青海盐湖研究所
421	CN201110122564.9	一种电池级碳酸锂母液处理方法	江西赣锋锂业股份有限公司
422	CN201110117928.4	自然蒸发富集饱和氯化镁卤水中微量元素的方法	中国科学院青海盐湖研究所
423	CN201010173634.9	膜法—萃取法联合（膜萃法）以提高卤水中锂的回收率的方法	王辉；陈光华
424	CN201010581983.4	一种电池用碘化锂合成及其电解液的制备方法	北京化学试剂研究所
425	CN201110075325.2	从锂云母原料中提取碳酸锂除铝的方法	江西本源新材料科技有限公司
426	CN201110116172.1	一种从废旧电池中回收锂金属的方法	河北工程大学
427	CN201010615657.0	用含锰废液制备硝酸盐和硫酸锂混合产品的方法	何云
428	CN201010144824.8	一种制备纳米碳酸锂的方法	清华大学
429	CN201110026416.7	一种利用钽铌尾矿锂云母制备碳酸锂获得副产物石膏的方法	宜春学院

序号	申请号	名称	申请（专利权）人
430	CN201110063508.2	亚微米级碳酸锂的制备方法、碳酸锂粉末及其应用	湖南美特新材料科技有限公司
431	CN201110053497.X	一种从预分离钙镁后的盐湖水中提锂的工艺	中南大学
432	CN201010574202.9	一种降低 LiCl 中 NaCl 含量的方法	兰州大学
433	CN201110065079.2	一种从锂电池正极材料中分离回收锂和钴的方法	江西格林美资源循环有限公司；荆门市格林美新材料有限公司；深圳市格林美高新技术股份有限公司
434	CN201110039893.7	以海绵为载体的锂吸附剂的成型工艺	浙江海虹控股集团有限公司
435	CN201010579770.8	一种从盐湖卤水中富集锂的浮选方法	江南大学
436	CN201110026385.5	一种利用钽铌尾矿锂云母制备电池级碳酸锂的新方法	宜春银锂新能源有限责任公司
437	CN201110102604.3	一种利用 NaCl 与碳酸锂混盐浮选提取碳酸锂的方法	化工部长沙设计研究院
438	CN201110000790.X	一种生产碳酸锂和氢氧化锂的新方法	屈俊鸿
439	CN201010614458.8	用含锰废液制备硫化物及硫化钠和硫酸锂混合产品的方法	王莉
440	CN201010615636.9	用含锰废液制备碳酸盐和硫酸锂混合产品的方法	何云
441	CN200980128147.6	从盐水中回收锂的方法	里肯锂有限公司
442	CN201110033301.0	一种从盐湖卤水中提取锂的新方法	西安蓝晓科技有限公司
443	CN201020583196.9	一种从盐湖卤水中提取锂的连续离子交换装置	西安蓝晓科技有限公司
444	CN201010552141.6	一种选择性提取锂的磷酸铁离子筛及其应用	中南大学
445	CN201010555927.3	一种选择性提取锂的离子筛及其应用	中南大学
446	CN201010564914.2	一种低温法从矿石中提锂生产工艺	山东瑞福锂业有限公司
447	CN201010524901.2	一种从盐湖卤水中提取锂的连续离子交换装置及方法	西安蓝晓科技有限公司
448	CN201010538157.1	用废电池制备高锰酸钾及回收钴锂的方法	兰州理工大学

序号	申请号	名称	申请（专利权）人
449	CN201010298500.X	镍和锂的分离回收方法	吉坤日矿日石金属株式会社
450	CN200980118668.3	从水溶液中回收锂的方法	凯米涛弗特公司
451	CN200910196437.6	氟化锂制备方法	上海中锂实业有限公司
452	CN200910196439.5	碳酸锂制备方法	上海中锂实业有限公司
453	CN201110025920.5	一种电池级无水碘化锂的制备方法	新疆有色金属研究所
454	CN201010600802.8	高纯碳酸锂的制备方法	四川天齐锂业股份有限公司
455	CN201010618162.3	利用含钙镁离子水制取锂消化液处理液的方法	重庆昆瑜锂业有限公司
456	CN201010618163.8	利用锂生产中产生的消化液制取高纯碳酸锂的方法	重庆昆瑜锂业有限公司
457	CN201010524387.2	从锂云母原料中提锂盐除钾的方法	江西本源新材料科技有限公司
458	CN200980114255.8	制备高纯度氢氧化锂和盐酸的方法	凯米涛弗特公司
459	CN201010605151.1	一种废旧电池中锂的回收方法	佛山市邦普循环科技有限公司
460	CN201010577333.2	一种盐湖卤水萃取法提锂的协同萃取体系	中国科学院青海盐湖研究所；天津科技大学
461	CN201010557502.6	一种从锂云母矿中提取锂和其它碱金属元素的方法	中南大学
462	CN201010561193.X	锂云母浸取液除杂工艺	福州大学
463	CN201010524594.8	从锂云母中提取碳酸锂的方法	江西本源新材料科技有限公司
464	CN201010280648.0	颗粒状锂离子筛	华东理工大学
465	CN201010503152.5	提取锂与硅材料的高能装置	胡波
466	CN201010279730.1	一种从锂辉石中提取锂盐的方法	江西赣锋锂业股份有限公司
467	CN201010220883.9	从锂离子二次电池回收物制造碳酸锂的方法	吉坤日矿日石金属株式会社
468	CN201010523257.7	一种从废旧锂离子电池及废旧极片中回收锂的方法	湖南邦普循环科技有限公司
469	CN201010290231.2	一种吸附法从盐湖卤水中提取锂的方法	西安蓝晓科技有限公司

序号	申请号	名称	申请（专利权）人
470	CN201010273940.X	利用太阳能从卤水中制取碳酸锂的装置和方法	山西大学
471	CN201010109346.7	电池级氟化锂的制备方法	多氟多化工股份有限公司
472	CN201020162030.X	一种金属锂的蒸馏提纯炉	重庆昆瑜锂业有限公司
473	CN201010269001.8	一种从卤水中提取镁、锂的方法	张慧媛
474	CN201020155489.7	一种真空金属热还原制取金属锂的装置	东北大学
475	CN200910226661.5	一种从锂云母中提取锂的方法和设备	中南大学
476	CN201010202796.0	一种金属锂的真空蒸馏提纯炉	重庆昆瑜锂业有限公司
477	CN201010235150.2	锂云母氟化学提锂工艺	福州大学
478	CN201010255898.9	一种高镁锂比含锂盐湖老卤提锂的生产工艺	化工部长沙设计研究院
479	CN200910163250.6	从工业级碳酸锂提纯制备电池级碳酸锂的方法	昆明理工大学
480	CN201010144065.5	一种真空金属热还原制取金属锂的装置及其方法	东北大学
481	CN201010154862.1	用氢氧化锂制备金属锂的方法	黄启新
482	CN200910117702.7	从废锂离子电池中回收钴和锂的方法	兰州理工大学
483	CN201019060008.6	氯化焙烧法从锂云母中提取锂的方法和设备	中南大学
484	CN200910200777.1	一种从盐湖卤水中提取锂的方法	江南大学
485	CN201010001287.1	一种从锂云母中提锂的方法	江西赣锋锂业股份有限公司
486	CN201010106778.2	一种生产电池级氟化锂的新工艺	江西东鹏新材料有限责任公司
487	CN200910221557.7	一种氟化锂的制备方法	江西赣锋锂业股份有限公司
488	CN200910311333.5	一种电池级氟化锂的生产方法	多氟多化工股份有限公司
489	CN200910249795.9	一种从盐湖卤水中制取高纯碳酸锂和其它可利用副产物的方法	耿世达
490	CN200910310398.8	一种综合利用钛铁矿制备钛酸锂和磷酸铁锂前驱体的方法	中南大学
491	CN200910117571.2	利用高镁锂比盐湖卤水制备碳酸锂的方法	中国科学院青海盐湖研究所

序号	申请号	名称	申请（专利权）人
492	CN200910164354.9	一种用碳酸氢盐解吸被氢氧化镁沉淀吸附的钾、钠、锂、硼的方法	达州市恒成能源（集团）有限责任公司
493	CN200910167836.X	一种利用高含硼的盐卤饱和溶液制备碳酸锂的方法	达州市恒成能源（集团）有限责任公司
494	CN200910167837.4	一种卤水综合利用的方法	达州市恒成能源（集团）有限责任公司
495	CN200910179963.1	金属锂真空蒸馏提纯装置	江西赣锋锂业股份有限公司
496	CN200920149121.7	生产电池级碳酸锂的加料液体分布器	青海中信国安科技发展有限公司
497	CN200910164355.3	一种用 CO_2 气体解吸被氢氧化镁沉淀吸附的钾、钠、锂、硼的方法	达州市恒成能源（集团）有限责任公司
498	CN200910195886.9	一种用于由卤水中提取锂离子的装置	华东理工大学
499	CN200910300759.0	一种从锂离子电池中分离回收锂和钴的方法	大连理工大学
500	CN200820239251.5	合成反应釜	大连天熙创展科技有限公司
501	CN200910140382.7	一种铝锂中间合金的制备方法	西南铝业（集团）有限责任公司
502	CN200910158532.7	一种利用氯化锂溶液制备电池级碳酸锂的方法	江西赣锋锂业股份有限公司
503	CN200910115531.4	废旧锂离子电池中钴和锂的生物浸出高效菌种选育方法	南昌航空大学
504	CN200780048151.2	金属锂的制备方法	株式会社三德
505	CN200810049659.0	一种电池级氟化锂的生产方法	多氟多化工股份有限公司
506	CN200910050304.8	无水碘化锂的制备方法及掺杂碘化锂闪烁晶体的制备方法	上海新漫传感技术研究发展有限公司
507	CN200910059055.9	一种卤水镁锂分离及提锂方法	钟辉
508	CN200910130828.8	一种直接焙烧处理废旧锂离子电池及回收有价金属的方法	北京矿冶研究总院
509	CN200910042883.1	一种钙循环固相转化法从低镁锂比盐湖卤水中提取锂盐的方法	中南大学
510	CN200910042966.0	一种干法脱镁从高镁锂比盐湖卤水预脱镁富集锂的方法	中南大学

序号	申请号	名称	申请（专利权）人
511	CN200810178835.0	从含有 Co、Ni、Mn 的锂电池渣中回收有价金属的方法	日矿金属株式会社
512	CN200910024433.X	将沉锂母液循环用于配碳酸钠溶液生产碳酸锂的方法	海门容汇通用锂业有限公司
513	CN200710304650.5	一种制锂装置	中国蓝星（集团）股份有限公司；蓝星（北京）化工机械有限公司
514	CN200810181520.1	制备高纯氟化锂的方法	西北矿冶研究院
515	CN200810246980.8	高纯度金属锂的生产方法及专用设备	大连天熙创展科技有限公司
516	CN200810153131.8	一种纯化锂及纯化方法	天津中能锂业有限公司
517	CN200710055066.0	一种氟化锂的生产方法	多氟多化工股份有限公司
518	CN200810031776.4	一种从含锂盐湖卤水中提取锂盐的生产工艺	化工部长沙设计研究院
519	CN200810127821.6	从锂云母提锂制备碳酸锂的方法	江西赣锋锂业有限公司
520	CN200720191032.X	一种制锂装置	中国蓝星（集团）总公司；蓝星（北京）化工机械有限公司
521	CN200810030494.2	一种环保的废旧锂电池回收中的酸浸萃取工艺	中南大学
522	CN200810004759.1	一种结晶无水氯化锂生产方法及装置	江西赣锋锂业股份有限公司
523	CN200610167385.6	一种电池用纳米级碳酸锂的制备方法	比亚迪股份有限公司
524	CN200610136831.7	高纯纳米氟化锂的制备方法	中南大学
525	CN200610145362.5	硫酸法锂云母提锂工艺中精硫酸锂溶液的生产方法	江西赣锋锂业有限公司
526	CN200710019053.8	一种从碳酸氢锂溶液中快速沉淀碳酸锂的方法	中国科学院青海盐湖研究所
527	CN200710019052.3	一种利用盐湖锂资源制取高纯碳酸锂的工艺方法	中国科学院青海盐湖研究所
528	CN200710137549.5	一种高纯无水氯化锂的制备方法	青海中信国安科技发展有限公司
529	CN200710176508.7	废旧锂离子电池真空碳热回收工艺	中国科学院生态环境研究中心

序号	申请号	名称	申请（专利权）人
530	CN200710050051.5	除去电池级无水氯化锂生产中杂质钠的精制剂及制备方法	四川省射洪锂业有限责任公司
531	CN200710188103.5	金属锂真空蒸馏提纯方法及装置	江西赣锋锂业有限公司
532	CN200710157570.1	一种除去金属锂中钠和钾的方法	东北大学
533	CN200710049813.X	硫酸锂溶液生产低镁电池级碳酸锂的方法	四川省射洪锂业有限责任公司
534	CN200710050050.0	电池级无水氯化锂的制备方法	四川省射洪锂业有限责任公司
535	CN200620172864.2	用于卤水提锂的太阳池装置	中国恩菲工程技术有限公司
536	CN200710024943.8	利用盐湖老卤生产高纯氧化镁及锂盐的工艺	陈兆华
537	CN200620036933.7	制备金属锂用的还原反应罐	蒋小光
538	CN200620075184.9	特纯金属锂精炼提纯工艺的专用设备	戴日桃
539	CN200710034703.6	三维有序大孔锰氧"锂离子筛"的制备方法	湘潭大学
540	CN200710107837.6	失效锂离子电池中有价金属的回收方法	北京矿冶研究总院
541	CN200710048404.8	一种从盐湖卤水中联合提取硼、镁、锂的方法	西部矿业集团有限公司；中南大学
542	CN200710085901.5	用锂辉石精矿制备锂的方法	黄启新
543	CN200710007820.3	利用油田卤水制取碳酸锂的方法	青海省地质调查院
544	CN200610136751.1	高纯纳米氟化锂的制备方法	中南大学
545	CN200610104584.2	一种高温蒸发结晶法从盐湖卤水中分离镁和富集锂的方法	青海西部矿业科技有限公司；湖南大学
546	CN200580010825.0	包含锂提取的循环真空氯化法	托马斯及温德尔·邓恩公司
547	CN200610088124.5	特纯金属锂精炼提纯工艺	戴日桃
548	CN200610085982.4	无水氯化锂的制备方法	南通大学
549	CN200520036089.3	制备金属锂用的还原反应罐	赵晓冬
550	CN200510020431.5	一种从锂云母中提锂制碳酸锂的新方法	钟辉
551	CN200510134514.7	一种制备锂离子筛吸附剂的方法	北京矿冶研究总院；中国大洋矿产资源研究开发协会

序号	申请号	名称	申请（专利权）人
552	CN200510134510.9	一种锂吸附剂的制备方法	北京矿冶研究总院；中国大洋矿产资源研究开发协会
553	CN200510096406.5	利用盐湖卤水制备硅酸镁锂蒙脱石的方法	中国科学院青海盐湖研究所
554	CN200410046996.6	一种利用含锂废液生产氯化锂的方法	中国石化集团巴陵石油化工有限责任公司
555	CN200510085645.0	一种生产高纯镁盐、碳酸锂、盐酸和氯化铵的方法	青海中信国安科技发展有限公司
556	CN200510085832.9	用高镁含锂卤水生产碳酸锂、氧化镁和盐酸的方法	青海中信国安科技发展有限公司
557	CN200510040626.6	高钠金属锂及其制造方法	王洪
558	CN200310122238.3	从盐湖卤水中分离镁和浓缩锂的方法	中国科学院青海盐湖研究所
559	CN200310119202.X	一种从盐湖卤水中联合提取镁、锂的方法	中南大学
560	CN200410021200.1	一种除去氯化锂中杂质钠的提纯方法	东北大学
561	CN01823738.X	从盐液获得氯化锂的方法和实施此方法的设备	华欧技术咨询及企划发展有限公司
562	CN200310110970.9	高纯锂的制备方法	昆明永年锂业有限公司
563	CN03108088.X	纳滤法从盐湖卤水中分离镁和富集锂的方法	中国科学院青海盐湖研究所
564	CN200310110832.0	气体搅拌粗锂真空中温蒸馏脱钠的方法	昆明理工大学
565	CN02145582.1	二氧化锰法从盐湖卤水中提锂的方法	中国科学院青海盐湖研究所
566	CN02145583.X	吸附法从盐湖卤水中提取锂的方法	中国科学院青海盐湖研究所
567	CN02139771.6	从高镁锂比盐湖卤水中一步提取碳酸锂的方法	王军
568	CN03145557.3	用碳酸锂制备锂的方法	黄启新
569	CN03149468.4	从碳酸锂制备氢氧化锂的电解方法	新疆大学
570	CN02138380.4	一水氢氧化锂生产工艺	南通泛亚锂业有限公司

序号	申请号	名称	申请（专利权）人
571	CN02143092.6	从卤水或海水生产锂浓缩液的方法	财团法人工业技术研究院
572	CN03133605.1	一种氯化锂提纯的工艺方法	东北大学
573	CN03120975.0	从碳酸锂混盐中制取锂化合物的方法	邓月金；郑凌
574	CN03117501.5	一种硫酸镁亚型盐湖卤水镁锂分离方法	钟辉；许惠
575	CN03112659.6	一种降低高镁锂比卤水镁锂比值的方法	化学工业部连云港设计研究院
576	CN02129355.4	利用太阳池从碳酸盐型卤水中结晶析出碳酸锂的方法	中国地质科学院盐湖与热水资源研究发展中心
577	CN01123479.2	从高镁锂比盐湖水中提取碳酸锂的方法	陆增；胡士文；袁建军
578	CN01107333.0	金属锂的制备方法	赵国光
579	CN00813575.4	生产锂的方法和装置	谢尔盖·弗拉基米洛维奇·斯帕谢尼科夫
580	CN02103973.9	从碳酸盐型卤水中提取碳酸锂的方法	邓月金；陈诗敏
581	CN01128815.9	高镁锂比盐湖卤水中制取碳酸锂的方法	中信国安锂业科技有限责任公司
582	CN01128816.7	用碳化法从高镁锂比盐湖卤水中分离镁锂制取碳酸锂的方法	中信国安锂业科技有限责任公司
583	CN01214667.6	制备金属锂用的还原反应罐	赵国光
584	CN99115939.X	金属锂的热还原制备及提纯工艺和设备	中国科学院青海盐湖研究所
585	CN00117743.5	高镁含锂卤水镁锂分离工艺	青海省地质矿产勘查院
586	CN99105828.3	从碳酸盐型卤水中提取锂盐方法	中国地质科学院盐湖与热水资源研究发展中心
587	CN99114728.6	硫酸法生产电池级碳酸锂	四川省射洪锂业有限责任公司
588	CN98119028.6	自卤水中同时沉淀硼锂的方法	青海省柴达木综合地质勘查大队
589	CN99114696.4	锂辉石生产单水氢氧化锂工艺	四川省绵阳锂盐厂
590	CN98103591.4	六氟磷酸锂的生产方法	埃勒夫阿托化学有限公司
591	CN98106653.4	回收卤水中的锂和其它金属及盐的方法	塔里木科学采矿及探油公司
592	CN97120239.7	金属锂真空蒸馏提纯方法及装置	北京市吉利源系统工程公司

序号	申请号	名称	申请（专利权）人
593	CN96109138.X	芒硝循环法富集高镁苦卤中锂盐的工艺方法	李亚文；任普亮；韩蔚田
594	CN96118728.X	一种含氟锂盐的气流式反应合成法	西北核技术研究所
595	CN97100995.3	锂的真空冶炼法	昆明理工大学
596	CN97101742.5	铝钠复合型锂盐及其应用	河南省地质矿产厅第二地质队
597	CN96102366.X	利用太阳能分阶段结晶回收卤水中锂等金属及盐的方法	塔里木科学采矿和石油勘探公司
598	CN94111120.2	无腐蚀性的溴化锂及其生产工艺	刘润贵
599	CN95101906.6	提取金属与盐的原地化学反应池	许靖华
600	CN94113302.8	用焙烧锂云母石灰生产氢氧化锂的工艺方法	湘乡铝厂
601	CN94111269.1	直接法制取溴化锂合成过程的控制方法	南京化学工业（集团）公司建筑安装工程公司
602	CN94111270.5	直接法制取溴化锂净化工艺方法	南京化学工业（集团）公司建筑安装工程公司
603	CN94119180.X	在离子交换系统中从含 Li^+ 稀溶液中捕获和浓缩 Li^+ 的方法	普拉塞尔技术有限公司
604	CN94111638.7	一种从卤水中提取锂盐的方法	地质矿产部西藏自治区中心实验室
605	CN92106977.4	锂云母精矿混合碱压煮法制取碳酸锂	中南工业大学
606	CN90107489.6	用碳酸铵沉淀制备碳酸锂的方法	新疆有色金属研究所
607	CN87103431.X	一种从含锂卤水中提取无水氯化锂的方法	中国科学院青海盐湖研究所
608	CN87101960.4	硫酸盐法制取碳酸锂的工艺	广州有色金属研究院
609	CN86102633.0	提纯锂的工艺过程和设备	特种金属有限公司
610	CN87101960	硫酸盐法制取碳酸锂的工艺	广州有色金属研究院
611	CN87103431	一种从含锂卤水中提取无水氯化锂的方法	中国科学院青海盐湖研究所
612	CN86102633	提纯锂的工艺过程和设备	特种金属有限公司

附表5　中国科学院青海盐湖研究所提锂专利列表

序号	申请号	名称	申请（专利权）人	重要程度
1	CN201610212434.7	从高原碳酸盐型卤水中制备硼砂矿的方法	中国科学院青海盐湖研究所；西藏国能矿业发展有限公司	互补性专利
2	CN201610212760.8	从高原碳酸盐型卤水中制备碳酸锂的方法	中国科学院青海盐湖研究所；西藏国能矿业发展有限公司	互补性专利
3	CN201610212616.4	从高原碳酸盐型卤水中制备碳酸锂的方法	中国科学院青海盐湖研究所；西藏国能矿业发展有限公司	基础性专利
4	CN201610212861.5	从高原碳酸盐型卤水中快速富集锂的方法	中国科学院青海盐湖研究所；西藏国能矿业发展有限公司	互补性专利
5	CN201610212584.8	从高原碳酸盐型卤水中制备高纯度碳酸镁的方法	中国科学院青海盐湖研究所；西藏国能矿业发展有限公司	互补性专利
6	CN201610155905.5	一种脱除高锂溶液中的硼离子的方法	中国科学院青海盐湖研究所	支撑性专利
7	CN201610157501.X	一种脱除高锂溶液中的杂质的设备及方法	中国科学院青海盐湖研究所	支撑性专利
8	CN201510952144.1	一种分离锂同位素的材料及其制备方法和应用	中国科学院青海盐湖研究所	基础性专利
9	CN201510952278.3	一种萃取锂同位素的萃取体系	中国科学院青海盐湖研究所	互补性专利
10	CN201510952280.0	一种萃取锂同位素的方法	中国科学院青海盐湖研究所	互补性专利
11	CN201510881141.3	硫酸锂盐粗矿的精制方法	中国科学院青海盐湖研究所	互补性专利
12	CN201510952117.4	萃取锂同位素的方法	中国科学院青海盐湖研究所	基础性专利
13	CN201511028315.8	一种高纯亚微米级碳酸锂的制备方法	中国科学院青海盐湖研究所	互补性专利
14	CN201510866021.6	一种萃取碱金属或碱土金属的萃取体系及其应用	中国科学院青海盐湖研究所	基础性专利
15	CN201510711266.1	一种降低高镁锂比盐湖卤水中镁锂比的方法	中国科学院青海盐湖研究所	基础性专利
16	CN201510710663.7	一种利用高镁锂比盐湖卤水制备氢氧化锂的方法	中国科学院青海盐湖研究所	互补性专利

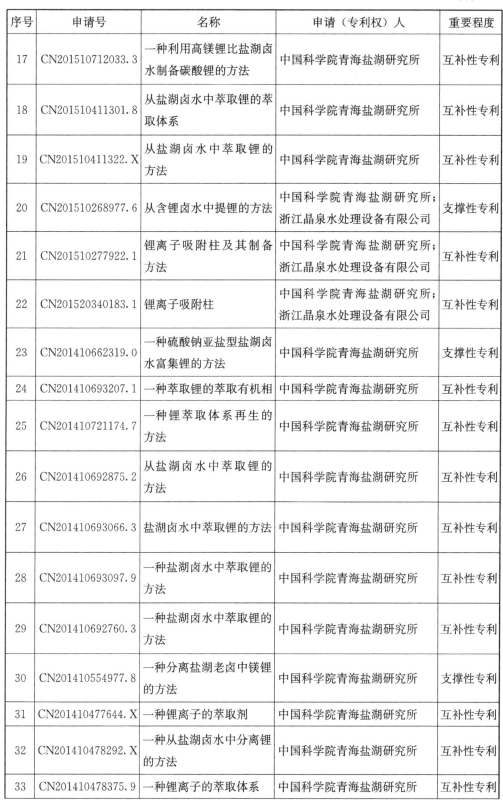

序号	申请号	名称	申请（专利权）人	重要程度
17	CN201510712033.3	一种利用高镁锂比盐湖卤水制备碳酸锂的方法	中国科学院青海盐湖研究所	互补性专利
18	CN201510411301.8	从盐湖卤水中萃取锂的萃取体系	中国科学院青海盐湖研究所	互补性专利
19	CN201510411322.X	从盐湖卤水中萃取锂的方法	中国科学院青海盐湖研究所	互补性专利
20	CN201510268977.6	从含锂卤水中提锂的方法	中国科学院青海盐湖研究所；浙江晶泉水处理设备有限公司	支撑性专利
21	CN201510277922.1	锂离子吸附柱及其制备方法	中国科学院青海盐湖研究所；浙江晶泉水处理设备有限公司	互补性专利
22	CN201520340183.1	锂离子吸附柱	中国科学院青海盐湖研究所；浙江晶泉水处理设备有限公司	互补性专利
23	CN201410662319.0	一种硫酸钠亚盐型盐湖卤水富集锂的方法	中国科学院青海盐湖研究所	支撑性专利
24	CN201410693207.1	一种萃取锂的萃取有机相	中国科学院青海盐湖研究所	互补性专利
25	CN201410721174.7	一种锂萃取体系再生的方法	中国科学院青海盐湖研究所	互补性专利
26	CN201410692875.2	从盐湖卤水中萃取锂的方法	中国科学院青海盐湖研究所	互补性专利
27	CN201410693066.3	盐湖卤水中萃取锂的方法	中国科学院青海盐湖研究所	互补性专利
28	CN201410693097.9	一种盐湖卤水中萃取锂的方法	中国科学院青海盐湖研究所	互补性专利
29	CN201410692760.3	一种盐湖卤水中萃取锂的方法	中国科学院青海盐湖研究所	互补性专利
30	CN201410554977.8	一种分离盐湖老卤中镁锂的方法	中国科学院青海盐湖研究所	支撑性专利
31	CN201410477644.X	一种锂离子的萃取剂	中国科学院青海盐湖研究所	互补性专利
32	CN201410478292.X	一种从盐湖卤水中分离锂的方法	中国科学院青海盐湖研究所	互补性专利
33	CN201410478375.9	一种锂离子的萃取体系	中国科学院青海盐湖研究所	互补性专利

续表

序号	申请号	名称	申请（专利权）人	重要程度
34	CN201410490256.5	一种通过控制进料速度提高碳酸锂碳化效率的方法	中国科学院青海盐湖研究所	互补性专利
35	CN201410492352.3	一种通过控制气体流量提高碳酸锂碳化效率的方法	中国科学院青海盐湖研究所	互补性专利
36	CN201410490349.8	一种碳酸氢锂溶液的制备方法	中国科学院青海盐湖研究所	互补性专利
37	CN201410490180.6	一种提高碳酸锂碳化效率的方法	中国科学院青海盐湖研究所	互补性专利
38	CN201410491612.5	一种通过控制物料浓度提高碳酸锂碳化效率的方法	中国科学院青海盐湖研究所	互补性专利
39	CN201410459628.8	一种确定锂离子萃取速率方程的方法	中国科学院青海盐湖研究所	互补性专利
40	CN201410175543.7	利用盐湖卤水电解制备氢氧化锂的方法	中国科学院青海盐湖研究所	支撑性专利
41	CN201410081423.0	从硫酸锂粗矿分离提取锂的方法	中国科学院青海盐湖研究所	互补性专利
42	CN201310573627.1	一种从高镁锂比盐湖卤水中精制锂的方法	中国科学院青海盐湖研究所	支撑性专利
43	CN201310571755.2	一种从高镁锂比盐湖卤水中精制锂的方法	中国科学院青海盐湖研究所	支撑性专利
44	CN201310572330.3	利用自然能从混合卤水中提取 Mg、K、B、Li 的方法	中国科学院青海盐湖研究所；西藏国能矿业发展有限公司	基础性专利
45	CN201310572377.X	利用自然能从混合卤水中提取 Mg、K、B、Li 的方法	中国科学院青海盐湖研究所；西藏国能矿业发展有限公司	互补性专利
46	CN201310573923.1	利用自然能从混合卤水中制备硫酸锂盐矿的方法	中国科学院青海盐湖研究所；西藏国能矿业发展有限公司	互补性专利
47	CN201310573972.5	利用自然能从混合卤水中制备锂硼盐矿的方法	中国科学院青海盐湖研究所；西藏国能矿业发展有限公司	互补性专利
48	CN201310571632.9	利用自然能从混合卤水中制备硼矿的方法	中国科学院青海盐湖研究所；西藏国能矿业发展有限公司	互补性专利

序号	申请号	名称	申请（专利权）人	重要程度
49	CN201210464058.2	萃取法从含锂卤水中提取锂盐的方法	中国科学院上海有机化学研究所；中国科学院青海盐湖研究所	互补性专利
50	CN201310320903.3	一种碳酸盐型盐湖卤水富集锂的方法	中国科学院青海盐湖研究所	支撑性专利
51	CN201310124971.2	采用自然能富集分离硫酸盐型盐湖卤水中有益元素的方法	中国科学院青海盐湖研究所；西藏阿里旭升盐湖资源开发有限公司	互补性专利
52	CN201310124579.8	利用高原硫酸盐型盐湖卤水制备锂盐矿的方法	中国科学院青海盐湖研究所；西藏阿里旭升盐湖资源开发有限公司	互补性专利
53	CN201310125330.9	从硫酸盐型盐湖卤水中富集硼锂元素的方法	中国科学院青海盐湖研究所；西藏阿里旭升盐湖资源开发有限公司	互补性专利
54	CN201310035015.7	用于从高镁锂比的盐湖卤水分离锂的盐湖卤水处理方法	中国科学院青海盐湖研究所；五矿盐湖有限公司	支撑性专利
55	CN201210164150.7	采用萃取法从含锂卤水中提取锂盐的方法	中国科学院上海有机化学研究所；中国科学院青海盐湖研究所	互补性专利
56	CN201210164159.8	从含锂卤水中提取锂盐的方法	中国科学院上海有机化学研究所；中国科学院青海盐湖研究所	互补性专利
57	CN201210055323.1	从含锂卤水中提取锂盐的方法	中国科学院青海盐湖研究所；中国科学院上海有机化学研究所	互补性专利
58	CN201210397192.5	高原硫酸盐型硼锂盐盐湖卤水的清洁生产工艺	中国科学院青海盐湖研究所；西藏阿里旭升盐湖资源开发有限公司	基础性专利
59	CN201210247158.X	硫酸盐型盐湖卤水中 Li^+ 的高浓度富集盐田方法	中国科学院青海盐湖研究所	支撑性专利

序号	申请号	名称	申请（专利权）人	重要程度
60	CN201010577333.2	一种盐湖卤水萃取法提锂的协同萃取体系	中国科学院青海盐湖研究所；天津科技大学	互补性专利
61	CN200910117571.2	利用高镁锂比盐湖卤水制备碳酸锂的方法	中国科学院青海盐湖研究所	互补性专利
62	CN200710019053.8	一种从碳酸氢锂溶液中快速沉淀碳酸锂的方法	中国科学院青海盐湖研究所	支撑性专利
63	CN200710019052.3	一种利用盐湖锂资源制取高纯碳酸锂的工艺方法	中国科学院青海盐湖研究所	基础性专利
64	CN200310122238.3	从盐湖卤水中分离镁和浓缩锂的方法	中国科学院青海盐湖研究所	基础性专利
65	CN03108088.X	纳滤法从盐湖卤水中分离镁和富集锂的方法	中国科学院青海盐湖研究所	基础性专利
66	CN02145582.1	二氧化锰法从盐湖卤水中提锂的方法	中国科学院青海盐湖研究所	支撑性专利
67	CN02145583.X	吸附法从盐湖卤水中提取锂的方法	中国科学院青海盐湖研究所	基础性专利
68	CN93101205.8	用二磷酸氢钛分离锂元素同位素的方法	中国科学院青海盐湖研究所	基础性专利
69	CN87103431.X	一种从含锂卤水中提取无水氯化锂的方法	中国科学院青海盐湖研究所	基础性专利

附表6　青海盐湖工业股份有限公司专利列表

序号	专利号	专利名称	专利权人
1	CN201410725724.2	一种恢复锂吸附剂性能的方法	青海盐湖工业股份有限公司
2	CN200620005108.0	一种浮箱式采卤泵站	青海盐湖工业股份有限公司
3	CN201310533534.6	一种盐田生产工艺数据采集及管理系统	青海盐湖工业股份有限公司
4	CN201320247343.9	便携式盐湖卤水分层定深取样装置	青海盐湖工业股份有限公司
5	CN201320778902.9	一种电解槽盐水进料管防腐保护装置	青海盐湖工业股份有限公司
6	CN201410414712.8	一种卤水钻井开采系统及封闭循环动态清洗抗结盐方法	青海盐湖工业股份有限公司
7	CN201420298350.6	一种新型的多功能泵基础	青海盐湖工业股份有限公司
8	CN201510045488.4	一种卤水输送设施及其施工工艺以及一种卤水输送方法	青海盐湖工业股份有限公司
9	CN201510820907.7	串联式干气密封装置及其在轻烃泵上的应用和使用方法	青海盐湖工业股份有限公司
10	CN201520371317.6	用于盐湖水文监测孔的人工防结盐透孔装置	青海盐湖工业股份有限公司
11	CN201410306935.2	一种以氯化钾、天然气为原料实现资源综合利用的生产系统及其方法	青海盐湖工业股份有限公司
12	CN200720139785.6	一种氯化钾干燥产品冷却流化床	青海盐湖工业（集团）有限公司
13	CN200810149059.1	固体钾矿的浸泡式溶解转化方法	青海盐湖工业集团股份有限公司
14	CN201110388287.6	一种光卤石反浮选尾矿生产氯化钾的方法	化工部长沙设计研究院；青海盐湖工业股份有限公司
15	CN201310013113.0	一种利用硝酸和氯化钾制备硝酸钾的方法	青海盐湖工业股份有限公司；清华大学
16	CN201310040807.3	一种用于水解光卤石的结晶器	青海盐湖工业股份有限公司
17	CN201310478795.2	一种在线监控光卤石分解过程的系统和方法	青海盐湖工业股份有限公司
18	CN201320517264.5	钾肥生产浮选自动加药系统	青海盐湖工业股份有限公司
19	CN201320521676.6	一种矿浆取样比重壶	青海盐湖工业股份有限公司

序号	专利号	专利名称	专利权人
20	CN201410249656.7	一种聚氯乙烯清洁闭环生产系统及其方法	青海盐湖工业股份有限公司
21	CN201410306659.X	一种综合利用盐湖资源实现金属镁一体化的生产系统及其方法	青海盐湖工业股份有限公司
22	CN201410318660.4	一种高品位氯化钾生产系统及其方法	青海盐湖工业股份有限公司
23	CN201410326545.1	一种新型用光卤石生产氯化钾生产系统及方法	青海盐湖工业股份有限公司
24	CN201410455022.7	一种正浮选工艺浮选液面的自动控制方法及系统	青海盐湖工业股份有限公司
25	CN201410666069.8	一种钾肥生产中尾矿的固液处理系统及方法	青海盐湖工业股份有限公司
26	CN201410673746.9	大型离子交换装置	青海盐湖工业股份有限公司
27	CN201420298309.9	高效浮选搅拌系统	青海盐湖工业股份有限公司
28	CN201420300289.4	一种聚氯乙烯清洁闭环生产系统	青海盐湖工业股份有限公司
29	CN201420481165.0	全自动稳定组合螺旋给料机	青海盐湖工业股份有限公司
30	CN201420582216.9	小功率双电机联合驱动的大型筛网离心机	青海盐湖工业股份有限公司
31	CN201510045480.8	离子交换装置自动控制系统	青海盐湖工业股份有限公司
32	CN201510281911.0	一种耐高温溜槽及其制作工艺	青海盐湖工业股份有限公司
33	CN201510820831.8	一种氯化氢合成纯度控制系统	青海盐湖工业股份有限公司
34	CN201520685858.6	液态氯乙烯水分的测定系统	青海盐湖工业股份有限公司
35	CN201610040065.8	一种七水硫酸镁及其制备方法	青海盐湖工业股份有限公司
36	CN201610040144.9	一种氢氧化镁制备方法及装置	青海盐湖工业股份有限公司
37	CN201610103627.9	一种制取微粉级轻质碳酸钙的方法	青海盐湖工业股份有限公司
38	CN201610119146.7	一种制取活性碳酸钙的方法	青海盐湖工业股份有限公司
39	CN201610190412.5	一种硝酸钠的制备方法	青海盐湖工业股份有限公司
40	CN201620126958.X	一种氯乙烯混合器中原料气体比例自动控制装置	青海盐湖工业股份有限公司
41	CN201620254354.3	一种镁合金压铸用脱模剂的兑比输送装置	青海盐湖工业股份有限公司
42	CN201320519856.0	一种用于标定核密度计的参考板	青海盐湖工业股份有限公司
43	CN201320634469.1	一种在线监控光卤石分解过程的系统	青海盐湖工业股份有限公司
44	CN201320686237.0	一种盐田生产工艺数据采集系统	青海盐湖工业股份有限公司

序号	专利号	专利名称	专利权人
45	CN201320711808.1	一种双切割头浮动履带式采收机	青海盐湖工业股份有限公司
46	CN201320713978.3	节能浮动式可移动增压锚船	青海盐湖工业股份有限公司
47	CN201320730320.3	一种新型多功能移动式配电箱	青海盐湖工业股份有限公司
48	CN201420356485.3	一种综合利用盐湖资源实现金属镁一体化的生产系统	青海盐湖工业股份有限公司
49	CN201420358119.1	一种以氯化钾、天然气为原料实现资源综合利用的生产系统	青海盐湖工业股份有限公司
50	CN201420367237.9	一种高品位氯化钾生产系统	青海盐湖工业股份有限公司
51	CN201420382428.2	一种新型用光卤石生产氯化钾生产系统	青海盐湖工业股份有限公司
52	CN201420403328.3	一种移动撬块式灌溉系统首部装置	青海盐湖工业股份有限公司
53	CN201420451753.X	滴灌装置自动加药及过滤器反冲洗系统	青海盐湖工业股份有限公司
54	CN201420472780.5	一种卤水钻井开采系统	青海盐湖工业股份有限公司
55	CN201410421300.7	用于废硫酸处理的雾化器	青海盐湖工业股份有限公司
56	CN201420481256.4	用于废硫酸处理的雾化器	青海盐湖工业股份有限公司
57	CN201410665025.3	自动带式输送机犁式分矿器装置	青海盐湖工业股份有限公司
58	CN201420699160.5	自动带式输送机犁式分矿器装置	青海盐湖工业股份有限公司
59	CN201420707225.6	大型离子交换装置	青海盐湖工业股份有限公司
60	CN201410689119.4	一种净化电石炉尾气的变温吸附方法	四川天一科技股份有限公司
61	CN201510002402.X	半干法分解氯化铵的方法及反应器	河北科技大学
62	CN201520062676.3	离子交换装置自动控制系统	青海盐湖工业股份有限公司
63	CN201510098773.2	一种氢氧化镁生产过程中盐析回收氯化钠的方法	华东理工大学
64	CN201510561557.7	自动灌溉系统首部装置	青海盐湖工业股份有限公司
65	CN201520684804.8	一种中和反应系统	青海盐湖工业股份有限公司
66	CN201510562309.4	一种中和反应系统	青海盐湖工业股份有限公司
67	CN201510561559.6	一种除去溶液中碳酸钠的方法	青海盐湖工业股份有限公司
68	CN201520942357.1	一种氯化氢合成纯度控制系统	青海盐湖工业股份有限公司
69	CN201510820795.5	一种氨法氢氧化镁工艺中副产物氯化铵再利用的方法	青海盐湖工业股份有限公司
70	CN201620058285.9	一种氢氧化镁制备装置	青海盐湖工业股份有限公司
71	CN201610460101.6	一种 ADC 发泡剂制取过程中副产盐酸回收利用的方法	青海盐湖工业股份有限公司

参考文献

[1] 彭文革, 罗光华, 李广梅. 世界锂资源概况及开发现状 [J]. 江西化工, 2017 (3): 8-12.

[2] 郑绵平, 齐文. 我国盐湖资源及其开发利用 [J]. 矿产保护与利用, 2006 (5): 45-50.

[3] 中国科学院青海盐湖研究所. 中国科学院盐湖研究六十年 [M]. 北京: 科学出版社, 2015: 30.

[4] 潘立玲, 朱建华, 李渝渝. 锂资源及其开发技术进展 [J]. 矿产综合利用, 2002 (4): 28-29.

[5] 平安证券研究所. 锂电池产业数据分析 [R/OL]. www. wpbattery. net/? LiaoJieChanPin/ Index. html.

[6] 常启明. 世界卤水提锂发展概况 [J]. 新疆有色金属, 1994 (4): 40-44.

[7] 全球锂资源储量分布和产量情况 [DB/OL]. 搜狐新闻. 2016-04-26. http://www. sohu. com/a/71624532 _ 246933.

[8] 李凌云, 任斌. 我国锂离子电池产业现状及国内外应用情况 [J]. 电源技术, 2013, 37 (5): 883-885.

[9] 李岩, 张晓崴. 国内锂离子电池隔膜发展简析及建议 [J]. 化学工业, 2017, 35 (2): 17-20.

[10] GOODENOUGH J B, MIZUCHIMA K. Electrochemical cell with new fast ion conductors: US, 4302518 [P]. 1981-11-24.

[11] THACKERAY M M., GOODENOUGH J B. Solid state cell wherein an anode, solid electrolyte and cathode each comprise a cubic-close-packed framework structure: US, 4507371 [P]. 1985-03-26.

[12] GOODENOUGH J B, PADHI A K, NANJUNDASWAMY K S, et al. Cathode materials for secondary (rechargeable) lithiium batterise: US, 591038 [P]. 1999-06-08.

[13] LECERF A, BROUSSELY M, GABANO J P. Process of making a cathode material for a secondary battery including a lithium anode and application of said material: US, 4980080 [P]. 1990-12-25.

[14] ZHONG QIMING, BONAKDARPOUR A. High voltage insertion compounds for lithium batteries: US, 5631104 [P]. 1997-05-20.

[15] Tsutomu O, Yoshinari M. Layered lithium insertion material of $LiCo_{1/3}Ni_{1/3}Mn_{1/3}O_2$ for lithium-ion batteries [J]. Chem. Lett., 2001, 30 (7): 642-644.

[16] LU Z H., MACNEIL D D., DAHN J R. Layered cathode materials $Li[Ni_xLi_{(1/3-2x/3)}Mn_{(2/3-x/3)}]O_2$ for lithium-ion batteries [J]. Electrochem. Solid-State Lett., 2001, 4 (11): A191-A194.

[17] LU Z H., DAHN J R. Cathode compositions for lithium-ion batteries: US, 6964828 [P] 2005-11-15.

[18] THACKERAY M M, JOHNOSON C S, AMINE K, et al. Lithium metal oxide electrodes for lithium cells and batteries: US, 6677082 [P]. 2002-09-26.

致　谢

　　本书在两年多的专题研究和撰写过程中，得到了很多领导、同事和朋友的支持与帮助，在此致以最诚挚的感谢！

　　首先感谢本书的撰写顾问，他们是青海省科技厅副厅长许淳、青海省知识产权局局长段靖平、青海省知识产权局原副局长史军放、青海省知识产权局原调研员胡铁成、青海省知识产权局规划发展部部长朱萍、专利管理部部长沈芹，他们充分发挥专利管理工作经验，为本书的撰写提出了大量建设性的意见和建议。

　　感谢"青海省科学技术学术著作出版资金"的资助，正是得益于该出版基金的雪中送炭，该书才得以顺利出版。青海省科技厅政策法规与基础处瞿文蓉处长、赵长建副处长、吴玲娜老师、俞成老师根据多年管理出版资金的经验，提出了很多建设性意见和建议。

　　感谢中科院青海盐湖所领导班子长期以来对我的热情鼓励和对本书出版的大力支持。

　　感谢著作编写团队吉林省中科应化盈智知识产权运营有限责任公司王瑜、孙雪婷、邹志德、倪颖、赵雅娜，江苏省专利信息服务中心王亚利、张正阳、左勇刚、杨玉明，中科院青海盐湖所李玉婷、曹萌萌，中科院西北高原生物所赵得萍，中科院兰州文献情报中心陈松丛，中科院新疆理化所盖敏强，青海省科技信息所吴浩、李廷鹃，青海省测试计算中心惠庆华，团队成员根据分工和自身所长，密切配合、团结协作，使得本书得以顺利付梓。

　　感谢中科院苏州纳米技术与纳米仿生所王鹏飞老师，王老师在国内率先开展高价值专利培育的经验给了编写团队很多启示。

　　感谢中国科学院大学知识产权学院副院长闫文军教授、中国有色金属工业协会锂业分会秘书长张江峰教授拨冗作序。两位老师分别作为知识产权专家和行业专家提出的意见、建议为本书增色不少。

　　特别感谢本书的责任编辑黄清明和李瑾，两位老师在百忙之中抽出时间研究本书的设计、版式，认真审读每一个文字，终于使本书能与读者见面。

　　由于专利导航是第一次与盐湖锂产业相结合，是一个全新的、复杂的研究课题，更由于编写团队水平有限，我们这部作品的研究思路、研究方法和结论尚不成熟，书中定有很多不足和疏漏之处，敬请广大读者批评指正。